农村环境保护工职业技能培训系列

农村环境保护工

NONGCUN HUANJING BAOHUGONG

（中级工）

农业农村部农业生态与资源保护总站 组编

李春明　李垚奎　成卫民 主编

中国农业出版社

北　京

本书编写人员名单

主　　编：李春明　李垚奎　成卫民

副 主 编：兰希平　宋世枝　付卫东

编写人员（按姓氏笔画排序）：

万小春　王　海　王广铭

尹建锋　付卫东　兰希平

成卫民　刘代丽　孙玉芳

李春明　李垚奎　吴　昊

邱兴平　宋世枝　张贵龙

前　言 FOREWORD

《中华人民共和国国家职业分类大典》(2015 版）和《农村环境保护工》(NY/T 3125—2017）中界定的农村环境保护工是指从事农产品产地污染监测、污染区农产品安全生产、农业资源监测、农村废弃物资源收集处理，并进行设施设备管护工作的人员。《农村环境保护工》(NY/T 3125—2017）中将该职业分为初级、中级、高级、技师、高级技师 5 级。本书为中级工职业技能培训教材。

《农村环境保护工（中级工)》以《中华人民共和国国家职业分类大典》《中华人民共和国国家职业分类大典》(2015 版）和《农村环境保护工》(NY/T 3125—2017）为依据，结合从事农村环境保护工的工作需求进行编写。本书为关于农村环境保护工理论知识和操作技能的培训教材，主要内容为从事农村环境保护工（中级工）相关工作所需要了解和掌握的相关标准、规范和要求。

本书在编写过程中秉持“以职业标准为依据，以实际需求为导向，以职业能力为核心”的理念，力求突出职业技能培训特色，反映职业技能鉴定考核的基本要求，满足培训对象参加技能鉴定考试的需要。

本书共分为两部分共七章。第一部分为基本要求，分为两章：第一章为职业道德，主要讲述了职业道德的概念、要求、评价、修养和职业守则；第二章为基础知识，主要介绍了安全作业知识和相关法律法规知识。第二部分为工作要求，分为五章：第三章为农产品产地环境监测，重点介绍了土壤、水质、大气和农业面源污染监测方法；第四章为农产品安全生产，介绍了安全生产产地选择与初加工场地选择及种植业、畜禽养殖业、渔业安全生产技术；第五章为农业野生植物资源保护，就野生植物调查、生境防护与资源监测方法进行了规范性论述；第六章为外来入侵生物防控，主要讲述外来入侵生物监测技术与防控的要求；第七章为农业农村废弃物收集与处理，分类阐述了农业农村废弃物处理方式与设施建设、启动、运转、维护等工作。

本书在编写过程中得到了中国就业培训技术指导中心、农业农村部人力资源开发中心、农业农村部职业技能鉴定指导中心等单位的大力支持，在此一并表示感谢！

由于学科发展较快、涉及面广，疏漏和不当之处在所难免，敬请读者批评和指正。

编　者

2020年8月

目 录 CONTENTS

前言

第一部分 基本要求

第一章 职业道德 …… 3

第一节 职业道德概念 …… 3
第二节 职业道德要求 …… 4
第三节 职业道德评价 …… 6
第四节 职业道德修养 …… 7
第五节 职业守则 …… 9
思考题 …… 10

第二章 基础知识 …… 11

第一节 安全作业知识 …… 11
第二节 相关法律法规知识 …… 18
思考题 …… 18

第二部分 工作要求

第三章 农产品产地环境监测 …… 21

第一节 土壤环境监测 …… 21
第二节 水质监测 …… 24
第三节 大气监测 …… 26
第四节 农业面源污染监测 …… 30
思考题 …… 41

第四章 农产品安全生产 …… 42

第一节 农产品安全生产产地选择 …… 42
第二节 农产品初加工场地选择 …… 49
第三节 种植业安全生产技术 …… 52
第四节 畜禽养殖业安全生产技术 …… 61

第五节 渔业安全生产技术 …… 75
思考题 …… 83

第五章 农业野生植物资源保护 …… 84

第一节 农业野生植物调查 …… 84
第二节 农业野生植物生境防护 …… 89
第三节 农业野生植物资源监测 …… 100
思考题 …… 103

第六章 外来入侵生物防控 …… 104

第一节 外来入侵生物普查 …… 104
第二节 植物地理分布图绘制 …… 122
思考题 …… 124

第七章 农业农村废弃物收集与处理 …… 125

第一节 农业农村废弃物种类和处理方式 …… 125
第二节 农业农村废弃物处理设施建设 …… 132
第三节 农业农村废弃物处理设施启动 …… 136
第四节 农业农村废弃物处理设施运转 …… 138
第五节 农业农村废弃物处理设施维护 …… 141
思考题 …… 144

主要参考文献 …… 145

第一部分　基本要求

第一章　职业道德

农业农村环境保护是我国环境保护的重要组成部分，它直接关系到农业生产、农村居民的正常生活和身心健康，是一项艰辛而伟大的事业。在我国现代农业发展方式转型升级过程中，切实保护好土壤、水体和大气等环境，需要农业环保人员不懈的努力和艰辛的劳动。不同于一般的环境保护爱好者，农业环保人员专职从事农业农村环境保护工作，应具有良好的职业道德，热爱环保工作，在本职岗位上发光发热，真正成为农业环境卫士。因此，应对农业环保人员进行必要的职业道德教育，使他们牢记职业使命，爱岗敬业，全身心地投入到农业农村环境保护事业中。

第一节　职业道德概念

一、职业道德概述

农村环境保护从业人员的基本职业道德范畴也包含公民的基本道德范畴，是社会主义道德的组成部分，是个人与农村社会之间、与自然之间各种关系的总和。同样靠社会舆论、传统习惯、所受教育和信念来维持，渗透于农业生产、农村生活的各方面，又在各方面显现出来，如思维、言论、行为等，最终成为行为准则和评判标准。农村环境保护工（简称农村环保工）职业特性对道德的要求，包括道德准则、道德情操和道德品质，作为从事这一行业的行为准则和要求，也是对社会的责任和义务。

1. 特点　在公民基本道德的基础上突出了行业性、实用性、规范性、从属性和社会性。建立在公有制为主体的经济基础之上，贯穿着为人民服务的思想。

2. 作用　通过对从业人员思想、认识和行为规定等做要求，规范、提高从业人员的职业素质，并用自己的行为服务于农村社会，以促进和完善全社会道德准则。

3. 客观要求　农村环保工职业道德是从业人员、集体和社会利益基本一致的保障，并以此来调整、平衡农业行业与环境保护职业间的关系。

二、职业道德的原则

农村环保工职业道德是从业人员在进行职业活动中调整职业关系、个人利益与社会利益关系时所必须遵循的基本的职业道德规范，也是衡量农村环保工行为和职业道德品质的最高标准。主要通过从业人员的职业活动、职业关系、职业态度、职业作风以及它们的社会效果表现出来。为人民服务原则是农村环保工职业道德的核心和灵魂，包括：从人民利益出发，把保护和美化农村环境作为职业目标；对农业农村环境负责，热爱环境保护事业，关心农业农村环境，坚决同一切危害人民利益和破坏环境的言行做斗争。如何践行农村环保工职业道德原则？一是要树立勇于奉献，为人民服务的人生观；二是从我做起，从现在做起，从小事做起；三是自觉、主动、创造性地践行为农业农村环境服务。用马克思主义世界观武装头脑，树立崇高的职业理想和坚定信念，明确职业目标和前进方向，自觉为农业农村环境保护事业而奋斗，养成勤劳节俭的习惯、培养吃苦耐劳的作风和艰苦创业的精神。农村环保工同样受集体主义约束，一是坚持和追求个人正当利益与集体主义的有机统一；二是重视个人正当利益，激发人的活力与创造性来体现集体主义；三是个人利益与集体利益发生矛盾时，个人利益要服从集体利益。

三、职业道德的形成与发展

农村环保工职业道德是对环境保护从业人员、广大劳动人民优秀道德品质的继承和发扬，继承和吸收了国内外相关职业道德的精华，与各种破坏环境的腐朽、落后的思想做斗争，在斗争中发展完善。

农村环保工职业道德源于社会职业道德，同样具有社会道德的历史烙印。原始社会仅仅出现了职业道德的萌芽。由于当时没有文字记载，职业道德只是在职业生活中一代一代地积累和形成起来，并通过宗教仪式、氏族禁忌、模仿前辈的行为、动作、语言等形式表现出来和流传下来。奴隶社会的职业道德主要是对奴隶主和自由民的职业道德而言的。而奴隶的职业道德主要表现在生产劳动中对奴隶主的愤慨、反抗和争取人身自由。在封建社会，职业道德得到了进一步的发展。随着封建社会生产力的发展，职业分工越来越细，社会上各行各业在“三纲五常”的根本要求下，产生了具有行业特点的“律”“规”“戒”等。在封建社会，农民具有两重性，其职业道德也具有两重性的特点。一方面，他们是劳动者，在封建地主阶级的压迫和剥削下，形成了反抗剥削、要求平等、勤劳节俭、朴实善良的优良品德；另一方面，他们又是私有者，由于其小农经济地位和生产条件的限制，他们的道德又表现出自私狭隘、保守散漫、绝对平均主义等特点。资本主义社会的职业道德虽然在人类社会职业道德的丰富和发展中起着一定的作用，有些职业道德准则可以为我们所借鉴，但是它毕竟是受生产资料私有制的资产阶级道德的利己主义所制约，因此必然表现出很大的阶级局限性和虚伪性。社会主义职业道德是在以生产资料公有制为主体的经济基础上形成和发展起来的，是在同形形色色的腐朽思想和道德观念斗争中形成和发展起来的。

第二节 职业道德要求

一、爱岗敬业

爱岗敬业是职业道德的基本精神，是社会主义职业道德最基本、最普遍、最重要的一个要求，也是农村环保工职业道德的基本要求。爱岗是敬业的感情铺垫，敬业是爱岗的逻辑推演。爱岗敬业是中华民族的传统美德。农村环保工爱岗敬业的具体要求是：树立职业理想、强化职业责任、全心全意为人民服务。农村环保工爱岗敬业的精神，实际上就是为人民服务的具体体现。要做到全心全意为人民服务，首先，要忠于职守；其次，要做到干一行精一行；最后，要克服职业偏见，确立积极向上的人生态度。

职业理想是从业者对农村环境保护工作未来的向往和对本行业发展将达到什么水平和程度的憧憬。职业理想分三个层次：一是初级层次，此阶段从业者的工作目的是谋生，认为工作只是为了必要的生计；二是中级层次，此阶段工作目的是发挥自己的专长及职业技能；三是高级层次，此阶段工作目的是承担社会义务和责任，把自己的职业同社会、为他人服务联系起来，同人类的前途和命运联系起来。

职业理想形成的条件：人的年龄增长、环境的影响和受教育程度是个人的职业理想形成的内在因素，社会发展的需要是职业理想形成的客观依据。一方面，凡是符合社会发展需要的职业理想都具有可能性，都是社会所承认和肯定的职业理想；另一方面，个人自身所具备的条件是职业理想形成的重要基础，条件的不同决定着职业理想的不同，条件的变化决定着职业理想的变化。

职业责任是指人们在一定职业活动中所承担的特定的职责，它包括人们应该做的工作以及应该承担的义务。职业责任是由社会分工决定的，是职业活动的中心，也是构成特定职业的基础，它往往通过行政的甚至法律的方式加以确定和维护。从事农业农村环境保护的当事人是否履行自己的职业责任，是这个当事人是否称职、是否胜任工作的衡量尺度。农村环保工职业责任的特点：一是具有明确的规定性；二是与物质利益存在直接关系；三是具有法律及其纪律的强制性。强化职业责任的措施：一是依据一定的职业道德原则和规范，有目的、有组织地从外部对从业人员施加影响（如培训、制度完善等）；二是从业人员有意识地进行职业责任方面的自我锻炼、自我改造和自我提高。职业责任修养与职业责任教育都是树立和强化从业人员职业责任意识的方法及途径。

职业责任修养是指通过一定的职业道德原则和规范对自己的职业责任意识进行反省、对照、检查和实际锻炼，提高自己的职业责任感。农村环保工职业责任修养活动包括，一是学习与自己工作有关的各项岗位责任规章制度，理解它们存在的合理性和正确性，并领会它们的精神实质，在内心形成一定的责任目标；二是在职业实践中不断比照特定的责任规定，对自己的思想和行为进行反省及检查，进行自我剖析和自我批评，不断矫正自己的职业行为偏差，排除一切干扰，将正确的尽职尽责的行为不懈地坚持下去，使之变成一种职业道德行为习惯，最终转化为内在的、稳定的、长期起作用的职业道德品质。

二、诚实守信

诚实守信是市场经济活动中最基本的规则之一，也是对农村环保工在工作中与个人、集体和农村社会关系和谐的根本要求。诚实守信是为人之本，也是从业之道。言语描述是否诚实，行为态度是否守信用，是农村环保工品德修养状况和人格高下的表现，也是能否赢得别人尊重和友善的一个重要前提条件。农村环保工诚实守信的具体要求：忠诚所属单位；维护单位信誉；保守组织秘密；完成本职工作。忠诚所属单位应该做到：诚实劳动；关心组织发展；遵守合同和契约；坚守自己的承诺。

三、办事公道

办事公道要求正确处理各种关系，是指坚持原则，按照一定的社会标准（法律、道德、政策等）实事求是地待人处事，是高尚道德情操在职业活动中的重要体现。办事公道是组织能够正常运行的基本保证，是抵制行业不正之风的重要内容，是职业劳动者应该具备的品质。办事公道的具体要求：坚持真理；公私分明；公平公正；光明磊落。在职业实践中做到公私分明的要点：正确认识公与私的关系，增强整体意识，培养集体精神；有奉献精神；从细致处严格要求自己；在劳动创造中满足个人的发展需求。公平公正是人们在职业活动中应当普遍遵守的道德要求。农村环保工做到公平公正的要点：坚持按照原则办事；不徇私情；不怕各种权势；不计个人得失。在工作中始终把社会利益和集体利益放在首位，说老实话、办老实事、做老实人，坚持原则，无私无畏，敢于负责，敢担风险。

四、服务群众

职业劳动者的主要服务对象是人民群众，服务群众要求每个职业劳动者心里应当时时刻刻为群众着想，急群众之所急，忧群众之所忧，乐群众之所乐，全心全意为人民服务。其根本是尊重群众和方便群众，为群众谋福利。服务群众要求做到：树立全心全意为人民服务的思想；文明服务，一切为群众着想；勇于向人民负责。农村环保工服务群众的基本要求：自觉履行职业责任；严格遵守职业规则；保持与其他岗位间的有序合作。

五、奉献社会

奉献社会是社会主义职业道德的特有规范，是社会主义职业道德的最高要求，是为人民服务和集体主义的最好体现，是社会主义职业道德的最终归宿。它要求从事各种职业的个人，努力多为社会做贡献，为社会整体长远利益不惜牺牲个人利益。奉献社会职业道德的突出特征：一是自觉自愿地为他人、为社会贡献力量，完全为了增加公众福利而积极劳动；二是有为社会服务的责任感，充分发挥主动性、创造性、竭尽全力；三是不计报酬，完全出于自觉精神和奉献意识。奉献社会要求做到：明白人生的幸福在于奉献的道理；大力提倡奉献社会的精神；奉献社会要在实际行动中体现。

第三节　职业道德评价

职业道德评价是职业道德理论体系的重要组成部分，是职业道德实践活动的重要一环。社会主义职业道德的教育和调节作用，主要是通过职业道德评价来实现的。道德评价就是根据一定社会或阶级的道德原则和规范，对他人或自己的行为进行善恶判断，表明褒贬的态度。农村环保工的职业道德评价是人们根据职业道德的原则和规范，对从业者的职业道德行为所做的善恶判断，表明褒贬的态度。其主要作用：一是维护作用和规范作用；二是教育作用；三是调节作用。职业道德是从业人员行为规范的总和。职业道德的调节作用主要是通过职业道德评价来实现的。

农村环保工职业道德评价的标准具体指为人民服务、集体主义、主人翁的劳动态度等原则以及一系列道德规范。农村环保工职业道德基本原则和规范体现了人民群众的根本利益与愿望，是处理个人利益和社会利益的根本准则，具体而有效地指导和规范着从业者的职业道德实践活动，它是评价集体和个人职业行为善恶的正确标准。职业道德行为善恶标准，从以下几个方面测评：一是规范内容的具体测评；二是经济效益测评；三是社会效益测评；四是业务技能测评；五是服务对象的测评。业务技能的测评仅仅能间接地推断职业道德行为的价值，作为测评的参照数，而不是直接的善恶标准。为减少测评的片面性和误差，应有三方面人员参加：一是主管领导人和所在单位领导参加测评；二是同行、同事和所在单位群众参加测评；三是职工自我测评。职业道德评价的依据是职业行为动机与效果的辩证统一。动机是指一个人在道德行为前的愿望或意图。效果是指一个人的道德行为给社会或他人带来的实际后果。动机和效果的关系主要有：一是好的动机产生好的效果；二是坏的动机产生坏的效果；三是好的动机产生坏的效果，就是人们所说的“事与愿违”；四是坏的动机产生好的效果，就是人们说的“歪打正着”。怎样才能使好的动机产生好的效果：一是树立正确的人生观；二是学会唯物辩证的工作方法，在工作或劳动实践中，逐步认识和掌握事物的发展规律，只有这样才能使自己的好动机达到好的效果；三是精通本职业务，深入实际，在实践中不断取得经验。

职业道德评价的主要方式和手段：社会舆论、传统习惯、内心信念。职业道德在职业活动中的调节和教育作用，就是通过职业道德评价的方式和手段来实现的。社会舆论是指在一定社会生活范围内，或在相当数量的人群中，对某种事件、现象、行为等的正式传播或自发流行的情绪、态度和看法。在职业道德评价中，社会舆论有外在强制的功能。道德舆论是职业道德评价的重要方式和手段之一。正确发挥社会舆论在职业道德评价中的作用要求：一要区分是正确的还是错误的社会舆论；二要自觉抵制错误的社会舆论，形成良好的舆论风气；三要自觉恪守社会主义职业道德原则和规范，坚持做社会主义职业道德舆论的宣传者、实践者。传统习惯是指人们在长期职业生活中逐步形成和积累起来的，被人们普遍承认、具有稳定性的习俗和行为常规。职业道德传统习惯对成文的职业道德规范起补充和制约作用，它是评价总体职业行为善恶的重要依据。内心信念是指人们对某种观点、原则和理想等形成的真挚信仰，职业道德中的内心信念就是职业良心。职业良心是指从业人员履行对他人和社会的职业义务的道德责任感及自我评价能力，是个人道德认识、道德情感、道德意志、道德信念、道德行为的统一。职业良心在行为进行中起着监督作用，在行为后起着对行为后果和影响的评价作用。职业道德内心信念（职业良心）是职业道德评价的重要方式之一，也是推动人们对自己职业行为进行评价的内在动力和直接的善恶标准，对提高职业道德水平，形成行业新风，具有重大推动作用。

第四节 职业道德修养

职业道德修养是劳动者重要的道德实践活动。加强职业道德修养，对劳动者履行职责、形成良好的职业品质、净化心灵、完善职业人格具有重要的意义。道德修养是指个人在道德意识和道德品质方面根据一定的道德原则和规范，进行自我锻炼、自我改造和自我提高，形成相应的道德情操，达到一定的道德境界的实践活动。农村环保工职业道德修养是指从事农业农村环境保护活动的人员，按照职业道德基本原则和规范，在职业活动中所进行的自我教育、自我锻炼、自我改造和自我完善，使自己形成良好的职业道德品质和达到一定的职业道德境界。职业道德修养是一个从业人员形成良好的职业道德品质的基础和内在因素。职业道德修养是从业人员根据职业道德规范自觉调整自己职业行为的过程，同时也是自觉同自己进行思想斗争的过程。要形成良好的道德品质，一要有对职业道德的正确认识，即明确遵守职业道德规范是一个人从事职业活动的必要条件；二要根据职业道德规范进行自我教育、自我改造、自我锻炼和自我完善。职业道德修养的目的是在职业活动实践中不断改造自己、提高自己、更新自己、完善自己，形成良好的职业道德品质，达到崇高的道德境界。

职业道德修养的意义：一是提高劳动者的职业道德品质，达到崇高道德境界；二是提高劳动者素质，培育合格人才。职业道德境界是指人们在职业生活中，从一定的职业道德观念出发，通过道德修养所形成的一定的觉悟水平和精神境界。它是从业人员职业道德修养水平的反映，代表着从业人员的职业道德水平。

职业道德境界的类型大体可分为献身型、尽职型、雇用型三种。献身型是高层次的职业道德境界，是把个人的一切融于社会主义现代化建设之中，以献身的精神做好本职工作，为祖国的繁荣富强和人民生活的幸福奉献出自己的一切。尽职型是中层次的职业道德境界，是把社会和集体的利益放在首位，把个人的利益放在从属地位，必要时牺牲个人利益维护他人和社会利益。雇用型是低层次的职业道德境界，其职业行为的出发点和最终目的是满足个人的私利。达到崇高的道德境界的关键是劳动者要提升职业道德修养。

职业道德是一种社会意识形态，体现为一种外部的道德要求。自觉地提升品德修养，是提高劳动者职业道德品质的关键环节。职业道德素质是指人们在长期职业实践中形成的职业道德意识素质和职业道德行为素质的总和。职业道德素质包括职业道德认识、职业道德情感、职业道德意志、职业道德信念等。

职业道德修养包括职业道德认识的提高、职业道德情感的培养、职业道德意志的锻炼、职业道德信念的树立和职业道德行为习惯的养成。职业道德认识是指人们在职业生活中对职业道德原则和规范的理解，是产生职业道德情感、职业道德意志、职业道德信念，支配职业道德行为的基础和起点。职业道德情感是指人们在职业活动中对事物进行善恶判断所引起的内心体验。它包括职业道德荣誉感、幸福感、责任感和良心感等，如爱、恨、荣、辱、美、丑等不同感受。职业道德情感是伴随着人们的职业道德认识而产生和发展起来的，是人们的认识转化为行为的中心环节，是人们选择道德行为的直接动因。职业道德意志是指人们履行职业道德义务、克服困难、排除障碍，将职业道德行为坚持到底的一种精神力量。职业道德意志是职业道德认识阶段转化为职业道德信念和职业道德行为习惯阶段的桥梁及杠杆，在职业道德品质形成的过程中起着重要的作用。职业道德信念是指人们对职业道德义务所具有的坚定的信心和强烈的责任感。它是深刻的职业道德认识、炽热的职业道德情感、坚定的职业道德原则的有机统一，是职业道德品质的核心。职业道德信念具有很强的稳定性和持久性，它是职业道德意识转化为职业道德行为的强大的内在推动力。树立正确的职业道德信念是从业人员职业道德修养的核心内容。职业道德行为习惯的修养就是对职业道德原则和规范进行行为选择和评价，逐步养成符合道德要求的行为习惯，做到自知、自爱、自律，塑造美好的职业形象，养成良好的职业道德行为习惯，是职业道德修养的结果和归宿。

提高职业道德修养的方法：一是学习理论和参加实践相结合；二是向革命前辈和先进人物学习；三是自觉地进行自省和慎独。学习科学文化和专业技术知识是理解道德原则及规范的基本条件。参加实践，是职业道德修养的根本途径和方法，是道德品质的来源，也是职业道德修养的目的和归宿。

职业道德实践活动是检验劳动者道德修养效果的客观标准。自省、慎独是道德修养的重要方法。自省就是自我反省、自我检查、自我批评，除去私心杂念，树立正确的道德观念。慎独是指在个人独立工作、无人监督的时候，仍然能谨慎地遵守道德原则，而不做坏事。道德修养的实质和特点就是通过积极地自我认识、自我解剖、自我改造、自我斗争，不断提高自己的道德选择能力，不断抵制和清除自己身上一切非社会主义道德的残余和影响。

树立科学的人生观，提高广大劳动者社会主义职业道德素质和品质，最根本的问题是解决人生观的问题。人生观是世界观的一部分，人们用世界观观察和对待人生问题，其是人们对人生目的和价值的根本看法与态度。人生观是一定的历史条件和社会关系的产物，是一定的生产力和生产关系的反映。在阶级社会里，是一定阶级所处的社会关系的反映。人们的人生观总是由他们的经济地位和阶级地位所决定的。一个人职业道德品质的好坏，修养水平的高低，根本上取决于其以什么样的人生观为基础。一个真正树立了正确人生观的人，才有可能成为职业道德高尚的劳动者。人生观指导并支配着人们职业道德品质的形成和发展，规定着职业道德行为的基本倾向和对职业道德评价的根本态度，制约着职业道德教育的根本任务和职业道德修养的最终目标。

第五节　职业守则

农村环保工职业道德是农村经济发展的反映，是农村经济社会发展的产物。农村环保工职业道德范畴和职业道德规范都是职业道德的重要组成部分。前者是反映职业道德现象的一些基本观念，后者是关于职业行为的规范。职业道德范畴主要包括以下八个方面：职业理想、职业态度、职业义务、职业技能、职业纪律、职业良心、职业荣誉和职业作风。职业行为规范是爱岗敬业、诚实守信、办事公道、服务群众、奉献社会。追求岗位的社会价值，是全部职业道德观念的核心。农村环保工在职业生涯中要做到以下五个方面：一是热爱本职，忠于职守；二是钻研业务，提高技能；三是遵章守纪，勤劳节俭；四是文明礼貌，热情服务；五是务实高效，团结协助。

思考题

1. 农村环保工的职业道德包括哪几方面?
2. 简述职业道德的特点与作用。
3. 简述职业道德的原则。
4. 农村环保工职业道德的要求有哪些?
5. 简述农村环保工的职业责任。
6. 农村环保工在职业中服务群众要做到几点?
7. 简述农村环保工职业道德标准。
8. 农村环保工职业道德评价的方式和手段主要有哪些?
9. 简述职业道德修养的意义。
10. 什么是职业道德情感?
11. 简述提高职业道德修养的方法。
12. 如何正确理解农村环保工的职业守则?
13. 现实工作中如何遵循职业守则?
14. 农村环保工职业守则的主要内容有哪些?

第二章　基础知识

第一节　安全作业知识

一、防火、防盗、防爆、防泄漏常识

(一) 防火

1. 电气装置、电热设备、电线、保险装置等都必须符合防火要求。在制造、使用易燃物品的建筑物内，电气设备应为防爆的。

2. 车间、实验室内存放易燃物品的量不得超过一昼夜的用量，不得放在过道上，也不得靠近热源及免受日光暴晒。

3. 使用易燃液体、可燃气体时，禁止使用明火蒸馏或加热，应使用水浴或蒸汽浴。使用油浴时，不得用玻璃器皿作浴锅。操作中应经常测量油的温度，不得让油温接近闪点。

4. 各种易燃、可燃气体、液体的管道，不得有跑、冒、滴、漏的现象。检查漏气时使用肥皂水，严禁用明火试验。气体钢瓶不得放在热源附近或在日光下暴晒，使用氧气时禁止与油脂接触。

5. 强氧化剂能分解放出氧气，加热、摩擦、捣碎这类物质时，不得与可燃物质接触、混合。经易燃液体浸渍过的物品，不得放在烘箱内烘烤。

6. 易燃物品的残渣（如钠、白磷、二硫化碳等）不准倒入垃圾箱、污水池和下水道内，应放置在密闭的容器内或妥善处理。粘有油脂的抹布、棉丝、纸张，应放在有盖的金属容器内，不得乱扔乱放，防止自燃。

7. 作业或实验结束后，要将工作场所收拾干净，关闭可燃气体、液体的阀门，清查危险物品并封存好，清洗用过的容器，断绝电源，关好门窗，经详细检查确保安全后，方可离去。

8. 制造、使用易燃物品的车间、化验室，应为耐火程度较高的建筑物，一般不得少于两个出入口，门窗向外开。在建筑物内外适宜的地方放置灭火工具，如二氧化碳灭火器、干粉灭火器和沙箱。

9. 在生产、使用、储存氢气的设备上进行动火作业，其氢气含量不得超过0.2%；在生产、使用、储存氧气的设备上进行动火作业，其氧气含量不得超过20%。

10. 室内作业监火人应全程跟踪监护，必须采取一切措施把可燃气体浓度降到允许范

围以内，监督现场措施的落实情况，根据现场实际情况不定时测定气体浓度，发现问题及时停止施焊，并采取措施把气体浓度降到允许范围以内，再实施动火。

（二）防盗

1. 发现被盗情况立即向公安机关和单位保卫部门报案。

2. 保护好现场，不要让其他人进入被盗场所，以防破坏现场。

3. 如实回答公安、保卫人员的提问，力求全面、准确。

4. 积极向公安、保卫人员提供线索，反映情况，协助破案。

5. 办公场所、实验室及重要设备车间安装防盗门、防盗网或防盗监控视频设备，日常工作结束后，要检查设备开关、门窗是否关闭，防止意外发生。

6. 笔记本电脑、手机、钱包等贵重物品放入抽屉内，并上锁。

7. 见到陌生人要仔细盘问来意。对快递员、业务员、推销员等外来人员，要认真甄别身份，并在会客区域接待，不要轻易让其进入重要场所。

（三）防爆

1. 爆炸性物品　必须专库储存、专人保管、专车运输，不能与起爆药品、器材混储、混运。搬运过程严格遵守有关规定，严禁摔、滚、翻、撞和摩擦。避免存放在高温场所。

2. 氧化剂　除惰性不燃气体外，不得与性质相抵触的物品混存混运。避免摩擦、日晒、雨淋、漏洒。

3. 压缩气体和液态气体　不能混储混运，即使都是瓶装的气体物质也不能混储混运。易燃气体除惰性气体外，助燃气体除不燃气体无机毒品外，均不得与其他物品混储混运。要轻装轻卸，避免撞击、抛掷、烘烤等。

4. 自燃物品　单独储存，与酸类、氧化剂等隔离，远离火源及热源，防止撞击、翻滚、倾倒、包装损坏。如黄磷应浸没于水中，三异丁基铝应防止受潮。

5. 遇水燃烧的物品　包装严密，存放地点干燥，严防雨雪，远离散发酸雾的物品，不与其他类别的危险品混储混运。如金属钠应浸没在矿物油中保存。

6. 易燃液体　单独储运，远离火源、热源、氧化剂、氧化性酸类，防止静电危害，邻近的电气设备要整体防爆。

7. 易燃固体　包装完好，轻装轻卸，防止火花、烘烤。

8. 毒害品　包装严密完好，单储单运，远离火源、热源、氧化剂、酸类、食品，存放地点应通风良好。

9. 腐蚀物品　容器具符合耐腐蚀要求，严密不漏。氧化性酸远离有机易燃品。酸类腐蚀品应与氰化物、遇水燃烧品、氧化剂隔离，不宜与碱类腐蚀剂混储混运。

10. 放射性物品　包装严密，内衬防震材料，装在屏蔽材料制成的容器内，严防放射线渗漏污染。仓库须有吸收射线的屏蔽层，按卫生部门的要求建造。

（四）防泄漏

1. 经常检查管道有无老化、破裂、损伤等，一经发现必须及时处理，认真做好防泄漏工作。

2. 定期检查管道设备接头、开关等部位，如发现泄漏，应关闭总阀，尽快找有关部门解决。

3. 不要在管道旁边放置易燃、易爆的物品，禁止在管道上方施工或破坏性作业。

4. 不能随便移动管道，不要私自移位、拆装、改装或暗埋，操作前必须先了解管道铺设情况，按说明程序进行操作。

二、突发事故处理、急救、求助常识

1. 发现火情应及时拨打119火警报警电话。拨打119时，必须准确报出失火方位。如果不知道失火地点名称，应尽可能说清楚周围明显的标志物，如建筑物等。

2. 尽量讲清楚起火部位、着火物资、火势大小、是否有人被困等情况，同时应派人在主要路口等待消防车。

3. 在消防车到达现场前应设法扑灭初起火灾，以免火势扩大蔓延，扑救时须注意自身安全。

4. 发现初起火灾，应及时报警并利用楼内的消防器材及时扑灭。灭火器的使用方法：手提式干粉灭火器适宜扑灭油类、可燃气体、电器设备等初起火灾。使用时，先打开保险销，一手握住喷管，对准火源，另一手拉动拉环，即可灭火。手提式泡沫灭火器适宜扑灭油类及一般物质的初起火灾。使用时，用手握住灭火器提环，平稳、快速地提往火场，不要横扛、横拿。灭火时，一手握住提环，另一手握住筒身的底边，将灭火器倒过来，喷嘴对准火源，用力摇晃几下，即可灭火。手提式二氧化碳灭火器适宜扑灭精密仪器、电子设备以及600 V以下的电器初起火灾。使用时，一手握住喷筒把手，另一手撕掉铅封，将手轮按逆时针方向旋转，打开开关，二氧化碳气体即会喷出。

5. 火势蔓延时，要保持头脑清醒，千万不要惊慌失措、盲目乱跑。应用湿毛巾或湿衣服遮掩口鼻，放低身体，浅呼吸，快速、有序地向安全出口撤离。尽量避免大声呼喊，防止有毒烟雾吸入呼吸道。

6. 逃离起火房间后，应关紧房门，将火焰和浓烟控制在一定的空间内。

7. 发生火灾后利用建筑物阳台、避难层、室内布置、缓降器、救生袋、应急逃生绳等逃生，也可将被单、台布结成牢固的绳索，牢系在窗栏上，顺绳滑至安全楼层。

8. 火灾逃生无路时，应靠近窗户或阳台，关紧迎火门窗，向外呼救。

9. 火灾发生时千万不要乘电梯逃生，不要轻易跳楼，除非火灾已经危及生命，逃生时千万不要拥挤。

10. 发现有人触电，应立即拉下电源开关或拔掉电源插头。若无法及时找到电源开关或断开电源时，可用干燥的竹竿、木棒等绝缘物挑开电线，使触电者迅速脱离电源。切勿用潮湿的工具或金属物体拨电线，切勿用手触及带电者，切勿用潮湿的物体搬动触电者。

11. 将触电人员脱离电源后迅速移至通风干燥处仰卧，将其上衣和裤带放松，观察触电者有无呼吸，摸一摸颈动脉有无搏动。若触电者呼吸及心跳均停止时，应在做人工呼吸的同时实施心肺复苏抢救，并及时拨打120呼叫救护车送医院，途中绝对不能停止施救。

三、施工安全常识、设备安全操作常识

（一）施工

1. 施工人员必须按技术安全要求进行挖掘作业。土方开挖前必须做好降（排）水工作。

2. 挖土应从上而下逐层挖掘，严禁掏挖。

3. 坑（槽）沟必须设置人员上下坡道或爬梯，严禁在坑壁上掏坑攀登上下。开挖坑（槽）沟深度超 1.5 m 时，必须根据土质和深度放坡或加可靠支撑。坑（槽）沟边 1 m 以内不准堆土、堆料，不准停放机械。土方深度超过 2 m 时，周边必须设两道护身栏杆，危险处，夜间设红色警示灯。

4. 配合机械挖土、清底、平地、修坡等作业时，不得在机械回转半径以内作业。作业时要随时注意土壁变化，发现有裂纹或塌方部分，必须采取果断措施，将人员撤离，排除隐患，确保安全。

5. 采用混凝土护壁时，必须挖一节，打一节，不准漏打。发现异常情况，如地下水、黑土层和有害气体等，必须立即停止作业，撤离危险区，不准冒险作业。

（二）设备操作

1. 建立设备台账，保存其出厂时的合格证等随机文件和周期校准的合格证等资料。

2. 使用设备前要认真阅读操作说明书，确保现场使用的检测设备在校准或检定的有效期内，并有清晰可辨的合格标识。

3. 操作人员应按操作规程要求，准确地使用检测设备。测试设备应经质量技术监督部门进行初次校准，合格后方可使用，属强制检定的测量装置，必须经由法定计量检定机构检定。

4. 设备要在适宜的工作环境下运行，搬运、储存过程中要保证装置的准确度和完好性，所有检测设备都应轻拿轻放，正确使用。

5. 当检测设备偏离校准状态或出现其他失准情况时，应立即停止检测工作。由专业人员对该故障设备进行分析、维修，重新进行校准或验证并保存更新校准或验证的证据。

6. 操作人员熟悉有关专业的试验规范、技术标准、检测方法，严格按规范、标准进行检测操作和试验鉴定。

7. 在检测过程中，必须认真做好记录，并在记录上签字，对记录数据的准确性、完整性负责。

8. 操作人员熟悉本行业所用仪器原理、性能，严格按照操作程序操作。当仪器设备出现故障时，应及时报告相关领导，分析原因，采取措施，并在仪器履历书上做好记录。

9. 进行试验、检测的工作场所，必须保证实验室有良好的工作环境，即整洁、整齐、安静、明亮和适当的温湿度。

10. 实验室设备及常用工具应排列整齐，使用后物归原处。试验检测人员应自觉遵守安全制度和有关规定，不得违规作业。

11. 为防止高电压、大电流突然加到被测试品的两端，每次启用前要将调压器、电流调节旋钮调至零位。

12. 接通电源后，注意观察电源指示灯。在进行测试时，必须可靠地连接被测试品，不能松动、短路、接触不良。

13. 设备使用完毕应将各种可调元件（调压器、电流设定旋钮、电压设定旋钮）调至零位。设备应存放在通风、干燥的地方，并对设备进行定期保养。

四、安全用电、用水、用气常识

（一）安全用电

1. 用电线路及电气设备绝缘必须良好，灯头、插座、开关等的带电部分绝对不能外露，以防触电。站在潮湿的地面上移动带电物体或用潮湿抹布擦拭带电的电器时，应防止触电。

2. 保险丝选用要合理，切忌用铜丝、铝丝或铁丝代替，以免发生火灾。

3. 所使用的电器如电冰柜、烘箱等，应按产品使用要求，装有接地线的插座。

4. 检修或调换灯头，即使开关断开，也切忌用手直接触及，以防触电。

5. 如遇电器发生火灾，要先切断电源来抢救，切忌直接用水扑灭，以防触电。

6. 不要超负荷用电，如用电负荷超过规定容量，应到供电部门申请增容。空调、烘箱等大容量用电设备应使用专用线路。

7. 不要私自请无资质的装修队及人员铺设电线和接装用电设备，安装、修理电器要找有资质的单位和人员。

8. 对规定使用接地的用电器具的金属外壳要做好接地保护，不要忘记给三孔插座、插座盒安装接地线，不要随意将三孔插头改为两孔插头。

9. 选用与电线负荷相适应的熔断丝，不要任意加粗熔断丝，严禁用铜丝、铁丝、铝丝代替熔断丝。

10. 不用湿手、湿布擦带电的灯头、开关和插座等。

11. 安装合格的漏电保护器，室内要设有公用保护接地线。漏电保护开关应安装在无腐蚀性气体、无爆炸危险品的场所，要定期对漏电保护开关进行灵敏性检验。

12. 学会看安全用电标识。我国安全色标采用的标准有以下几种：红色标识禁止、停止和消防，如机器上的紧急停机按钮等都是用红色来表示“禁止”的信息；黄色标识注意危险，如“当心触电”“注意安全”等；绿色标识安全无事，如“在此工作”“已接地”等；蓝色标识强制执行，如“必须戴安全帽”等；黑色标识图像、文字符号和警告标识的几何图形。

13. 采用不同颜色来区别设备特征。如电气母线，A 相为黄色，B 相为绿色，C 相为红色，明敷的接地线涂为黑色。在二次系统中，交流电压回路用黄色，交流电流回路用绿色，信号和警告回路用白色。

（二）安全用水

1. 注意保持饮用水清洁卫生，发现饮用水变色、变浑、变味，应立即停止饮用，防止中毒，并拨打供水服务热线。

2. 不得私自挪动供水设施，尤其不得私自移动水表。

3. 如装修改造用水设施，应选用饮用水专用管材，改造后做打压试验。

4. 定期自检用水设施，关闭用水阀门后如出现水表自走，说明漏水。

5. 寒冷季节，应对用水设施采取必要的防冻保护措施。室内无取暖设施的，应在夜间或长期不用水时关闭走廊和室内门窗，保持室温；同时关闭户内水表阀门，打开水龙头，放净水管中积水；室外水管、阀门可用棉、麻织物或保暖材料绑扎保暖，以防冻裂损坏。

6. 当饮用水被污染时，应立即停止使用，及时向卫生监督部门或疾病预防控制中心报告情况，并告知居委会、物业部门和周围邻居停止使用。用干净容器留取3～5 L水作为样本，提供给卫生防疫部门。不慎饮用了被污染的水，应密切关注身体有无不适，如出现异常，应立即到医院就诊。接到政府管理部门有关水污染问题解决的正式通知后，才能恢复使用饮用水。

7. 不要自行改装自来水管道。

（三）安全用气

1. 燃气管道投入使用前，先用肥皂水检查室内管线接头、阀门是否漏气，确认不漏气后方可用气。

2. 使用燃气在点火前5 min，必须打开门窗，保持通风，点火要慢慢打开炉灶开关，着火后，再按需要缓缓调节，不得猛开猛关。

3. 使用燃气过程中人不要远离，若发生脱火、回火应立即关闭管道阀门，并检查原因。使用完毕，关闭燃气炉灶开关，还要关闭管道阀门，不可将炉灶开关代替管道阀门使用，以免压力波动憋坏气表造成事故。关了炉灶开关仍有火苗，不要强行硬关，更不要吹熄火苗，应让它燃着，打开窗户通风，并迅速通知天然气公司和维修企业排除故障。

4. 无通风的房间安装燃气炉灶不要关闭门窗，以免造成室内缺氧，使人窒息。在使用燃气炉灶过程中，若遇突然停气，切记关闭燃气器具开关，同时关闭管道阀门，防止恢复供气时出现漏气发生意外。

5. 燃气胶管要经常检查，发现有裂痕、变硬、老化或鼠咬，应立即更换，胶管正常使用一年半换新，由专业人员更换。更换时管夹要拧紧，并用肥皂水或洗衣液泡沫检查接口是否漏气，不漏气方可使用。

6. 若发生天然气使用引起的火灾，首先切断气源，迅速用二氧化碳灭火器或覆盖的方法扑灭。若同时引起电器着火应先切断电源，用干粉或二氧化碳灭火器进行扑救，切勿用泡沫灭火器及水灭火，以免发生触电事故，并立即通知消防部门和天然气公司抢救。

7. 严禁使用过期、未检或无角阀液化气钢瓶，钢瓶不能与煤（炭）火同屋使用。同时，液化气钢瓶使用满4年必须检测，检测合格方可使用，检测由合法的企业实施。

8. 使用液化气钢瓶先应检查钢瓶是否漏气，检查瓶体及角阀、减压器，接口采用闻、嗅、看或用肥皂水涂抹等方法，不漏气后方可使用；燃气灶燃烧出现异常，应迅速通知专业人员及时排查。要经常检查胶管，发现老化、鼠咬、破损、接口松动等立即换新，胶管使用一年半必须换新。

9. 使用液化气钢瓶时必须有人看管，防止火焰自行熄灭或泄漏造成人为事故。钢瓶与燃气灶要有一定的距离，不宜过长或穿墙，使用后要关闭钢瓶阀门。若闻到液化气味，万不可开灯或用火，应打开窗户通风，详细检查，排除隐患后方可开灯用火。

10. 要注意保护钢瓶，配备防护遮挡板，防止油烟污染腐蚀钢瓶。钢瓶不要靠近热源存放，若靠近热源会使瓶内压力过高导致钢瓶爆炸。

11. 使用液化气的房屋应注意通风换气，通风不畅会产生大量的一氧化碳气体，导致人体中毒。

12. 钢瓶必须直立使用，严禁滚、碰、撞击、卧放、倒立、加热等。不能私自倾倒钢瓶内的残液，残液倾倒由液化气企业在充装换气时完成。

13. 发现液化气钢瓶、炉具漏气或起火时，应迅速关闭钢瓶阀门，使用覆盖的方式扑灭火源，并通知液化气供应站及时检修。

14. 不准使用甲醇、生物醇油等作为取暖燃料，也不能储存，发现后应制止并向燃气办公室举报，消除隐患。

五、其他相关安全常识

野外作业：

1. 作业前准备 开展野外工作前，应充分收集勘查工作区域的自然环境、地理、交通、治安、人文和动物、植物、微生物伤害源、流行传染病种、疫情传染源等情况。在充分调查上述信息的基础上要对可能存在安全隐患的危险源，按照危险源评价要求进行评价，确定危险等级，并制定相应的措施。

2. 因工作需要雇用外来人员时，要对雇用人员年龄结构严格把关，雇用人员年龄要控制在55周岁以下，身体健康。雇用前要严格审查身份证等有效证件。要与雇用人员签订临时雇用合同，雇用人员要做好备案登记，外来人员要到当地派出所做好流动人口登记工作，项目组备案登记要将身份证复印件留底备案。雇用人员要以当地人或具有相关工作经验者优先。

3. 在充分调查野外作业区情况后，要有针对性地对项目组成员（包括雇用人员）进行培训，由项目负责人负责。培训内容包括：调查安全规定、规程；单位安全生产管理、安全技术、职业卫生知识以及安全文化；作业区的地理、气象、人文、动物、植被等情况，重点针对危险源评价中等级较高的因素进行介绍；相关的安全生产事故案例及事故应急救援预案；介绍其各自工种可能存在的安全隐患及防范措施以及其各自承担的责任；必备的野外急救知识，如伤口包扎、毒蛇咬伤急救及坠井等急救知识；安全防护用品的正确使用及维护。

4. 防护用品 项目组要为项目所有成员（包括临时雇用人员）配备统一购买的安全帽、劳保服及劳保鞋；夏季要为野外作业人员配备防暑降温用品及防蚊虫、防蛇药品，由安全员统一领取，发放时要做好登记工作；野外作业设备（土钻、现场监测设备等）、材料、工具、仪表等要配备符合规范要求的安全防护装置（如安全带、防护罩等）；安全防护用品严禁以货币形式代替；在大于30°山坡或高度超过2 m以上区域作业要系好安全带，严禁上下同时作业，在矿区宕面底部及悬岩、陡坡底部作业时作业人员要佩戴安全帽，同时清理顶部险浮石，无法清理的要注意避让。

5. 野外测量作业要避开变压器、高压线等危险源，严禁使用金属标尺。

6. 春、夏、秋季，作业人员外出前要随身配备防暑降温、防蚊虫及防蛇药，配备的药品要定期检查，防止丢失及过期失效。

7. 禁在水塘、水库、河流等地洗澡。

第二节　相关法律法规知识

1.《中华人民共和国劳动法》全文。

2.《中华人民共和国劳动合同法》第二章、第三章、第四章、第五章。

3.《中华人民共和国农业法》第一章、第三章、第八章。

4.《中华人民共和国环境保护法》全文。

5.《中华人民共和国清洁生产促进法》全文。

6. 其他相关法律知识 《中华人民共和国刑法》分则规定的条款。《中华人民共和国民法》中第二、三、四、五、六、七章的有关条款。

思考题

1. 发现火灾时你应该先做什么？
2. 有人触电时，你为什么不能直接去扶他？
3. 发现自来水色泽、气味不正常时应该怎么办？

第二部分　工作要求

第三章 农产品产地环境监测

农产品产地环境监测是环境科学的一个重要分支，是用科学方法监视和检测代表环境质量及发展变化趋势的各种数据的过程。随着我国集约化农业的快速发展，不合理的农业生产方式引起的农产品产地环境污染问题日益突出，成为水体富营养化、农产品重金属残留及硝酸盐超标的一个重要原因。农产品产地环境监测是一项为管理者提供代表环境质量的各种信息数据，判断产地环境质量是否符合农产品生产环境质量安全标准，评价农产品产地环境质量水平，便于对农产品产地环境进行监督管理的基础工作，是我国农业农村环境保护工作的重要组成部分。认真做好农产品产地环境监测直接关系到农产品生产、农产品安全和国民身体健康，是一项艰辛而伟大的事业，对保护和改善产地的生态环境质量有重要意义。本章重点介绍了农产品产地土壤、水体、大气等监测方法与要求，同时也阐述了农业面源污染的监测方法、设备安装、运行与维护要求等。

第一节 土壤环境监测

土壤环境监测是指以防治土壤污染危害为目的，对土壤污染程度、发展趋势的动态分析测定。农产品产地优先监测的对象则是对农产品生产安全有影响的物质如汞、镉、砷、硝酸盐、农药及生活垃圾等。土壤环境监测是了解土壤环境质量状况的重要措施。包括土壤环境质量的现状调查、区域土壤环境背景值的调查、土壤污染事故调查和污染土壤的动态监测。土壤环境监测一般包括布点采样、样品制备、分析方法、结果表征、资料统计和质量评价等技术内容。本节主要介绍主要农产品产地布点采样方法。

一、监测布点原则

监测点位的布设要以样点的代表性、合理性和科学性为原则。坚持最优监测原则，优先监测代表性强、有可能造成污染的方位和地块。

二、监测布点要求

样品是由总体中随机采集的一些个体所组成，个体之间存在变异，因此样品与总体之间，既存在同质的“亲缘”关系，样品可作为总体的代表，但同时也存在着一定程度的异质性。差异愈小，样品的代表性愈好，反之亦然。为了使采集的监测样品具有好的代表性，须避免一切主观因素，使组成总体的个体有同样的机会被选入样品，即组成样品的个体应当是随机地取自总体。另外，在一组需要相互之间进行比较的样品应当有同样的个体组成，否则样本大的个体所组成的样品，其代表性会大于样本少的个体组成的样品。所以随机和等量是决定样品具有同等代表性的重要条件。

三、监测布点数量

监测区域的采样点数根据监测的目的要求、土壤污染分布、面积大小及数理统计、土壤环境评价要求而定。

（一）大田种植区

大田种植区土壤样点数量布设按照表 3-1 规定执行，种植区相对分散，适当增加采样点数。

表 3-1 大田种植区土壤样点数量布设表

产地面积	布设点数
1 000 hm^2 以内	5～6 个
1 000 hm^2 以上	每增加 500 hm^2，增加 1～2 个

资料来源：DB51/T 336—2009。

（二）蔬菜露地种植区

蔬菜露地种植区土壤样点数量布设按照表 3-2 规定执行。

表 3-2 蔬菜露地种植区土壤样点数量布设表

产地面积	布设点数
200 hm^2 以内	3～5 个
200 hm^2 以上	每增加 50 hm^2，增加 1 个

注：莲藕、荸荠等水生植物采集底泥。

资料来源：DB51/T 336—2009。

（三）设施种植业区

设施种植业区土壤样点数量布设按照表 3-3 规定执行，栽培品种较多、管理措施和水平差异较大，应适当增加采样点数。

表 3-3 设施种植业区土壤样点数量布设表

产地面积	布设点数
100 hm^2 以内	3 个
100～300 hm^2 之间	5 个
300 hm^2 以上	每增加 100 hm^2，增加 1 个

资料来源：NY/T 395—2012。

（四）食用菌种植区

根据品种和组成不同，每种基质采集不少于 3 个。

（五）野生产品生产区

野生产品生产区土壤样点数量布设按照表 3-4 规定执行。

表 3-4　野生产品生产区土壤样点数量布设表

产地面积	布设点数
2 000 hm^2 以内	3 个
2 000～5 000 hm^2 之间	5 个
5 000～10 000 hm^2 之间	7 个
10 000 hm^2 以上	每增加 5 000 hm^2，增加 1 个

资料来源：DB51/T 336—2009。

（六）其他生产区域

其他生产区域土壤样点数量布设按照表 3-5 规定执行。

表 3-5　其他生产区域土壤样点数量布设表

产地类型	布设点数
近海（包括滩涂）渔业	不少于 3 个（底泥）
淡水养殖区	不少于 3 个（底泥）

注：深海和网箱养殖区、食用盐原料产区、矿泉水、加工业区免测。

资料来源：NY/T 395—2012。

四、监测布点方法

根据调查目的、调查精度和调查区域环境状况等因素确定监测单元。

大气污染型土壤监测单元和固体废物堆污染型土壤监测单元以污染源为中心放射状布点，在主导风向和地表水的径流方向适当增加采样点；农用固体废物污染型土壤监测单元和农用化学物质污染型土壤监测单元采用均匀布点；灌溉水污染监测单元采用按水流方向带状布点，采样点自纳污口起由密渐疏；综合污染型土壤监测单元采用综合放射状布点、均匀布点、带状布点法。

对角线法、梅花点法、棋盘式法、蛇形法等 4 种常用布点方法，见表 3-6。

表 3-6　土壤监测布点方法

布点方法	布点数	适用条件
对角线法	对角线分 5 等份，以等分点为采样分点	适用于污灌农田土壤
梅花点法	5 个左右	适用于面积较小，地势平坦，土壤组成和受污染程度相对较均匀的地块
棋盘式法	10 个左右	适用面积中等，地势平坦，土壤不够均匀的地块
	20 个以上	受污泥、垃圾等固体废物污染的土壤
蛇形法	15 个左右	适用于面积较大、土壤不够均匀且地势不平坦的地块，多用于农业污染型土壤

资料来源：NY/T 395—2012。

土壤样品原则上要求安排在作物生长期内采样，采样层次按表 3 - 7 规定执行。

表 3 - 7　土壤采样层次表

产地类型	采样层次
一年生作物	0～20 cm
多年生作物	0～40 cm
底泥	0～20 cm

资料来源：NY/T 395—2012。

五、采样时间与频次要求

原则上土壤样品要求安排在作物生长期内采集 1 次。对于基地区域内同时种植一年生和多年生作物，采样点数量按照采样品种，分别计算面积进行确定。

第二节　水质监测

水质监测是监视和测定水体中污染物的种类、各类污染物的浓度及变化趋势，评价水质状况的过程。水质监测的主要监测项目可分为两大类：一类是反映水质状况的综合指标，如温度、色度、浊度、pH、电导率、悬浮物、溶解氧、化学需氧量和生物需氧量等；另一类是一些有毒物质，如酚、氰、砷、铅、铬、镉、汞和有机农药等。为客观地评价江河和海洋水质的状况，除上述监测项目外，有时需进行流速和流量的测定。监测范围十分广泛，包括未被污染和已受污染的天然水（江、河、湖、海和地下水）及各种工业排水等。

一、监测布点原则

水质监测点位的布设要以样品的代表性、准确性和科学性为原则。坚持从水污染对产地环境质量的影响和危害出发，突出重点、照顾一般的原则。即优先布点监测代表性强，最有可能对产地环境造成污染的方位、水源（系）或产品生产过程中对其质量有直接影响的水源。

二、监测布点要求

（一） 选择河流断面位置应避开死水区，尽量在顺直河段、河床稳定、水流平稳、无急流湍流处，并注意河岸情况变化。

（二） 在任何情况下，都应在水体混匀处设点，应避免因河（渠）水流急剧变化搅动底部沉淀物，引起水质显著变化而失去样品代表性。

（三） 在确定的采样点和岸边，选定或专门设置样点标志物，以保证各次水样取自同一位置。

三、监测布点数量

（一）灌溉渠系水质监测点数量

1. 对于面积仅为几公顷至几十公顷直接引用污水灌溉的小灌区，在灌区进水口布设一个基本监测点。

2. 在具备干、支、斗、毛渠的农田灌溉系统中，布设五个以上基本监测点。

（二）河流、湖（库）等水源监测点数量

1. 当河流用来引用灌溉农田时，在渠首附近设置一个断面。如有污水排入河段，在排污口上方污水渠设一个监测点，并在污水入口的上游，清污混流处及下游河道各设置一个断面。

2. 10 hm^2 以下的小型水面，在水中心设置一个监测点，如有污水流入，在污水入口和污水流线消失处各设一个监测点。

3. 大于 10 hm^2 的中型和大型水面，布设五个以上的监测点，如有污水流入在污水入口和污水流线消失处各布设一个监测点。

（三）灌溉农田地下水监测点数量

一般在机井的出水口布设一个监测点。

（四）污（废）水排放沟渠监测点数量

在污（废）水排放沟渠上、中、下游和排污口各布设一个监测点。

四、监测布点方法

（一）灌溉渠系水源监测布点方法

1. 对于面积仅为几公顷至几十公顷直接引用污水灌溉的小灌区，在灌区进水口布设监测点。

2. 在具备干、支、斗、毛渠的农田灌溉系统中，除干渠取水口设监测点，以便了解进入灌区水中污染物的初始浓度外，在适当的支渠起点处和干渠渠末处，以及农田退水处设置辅助监测点，以便了解污染物质在干渠中的自净情况和农田退水对其他地表水的污染可能性，但注意尾水或退水监测点必须设在其他水源进入该水流系统的上游处。

（二）用于灌溉的地下水水源监测布点方法

在地下水取水井设置监测点，每两年取样进行监测。

（三）影响农区的河流、湖（库）等水源监测布点方法

1. 大江大河的水源监测已由国家水利和环保部门承担，一般可引用已有监测资料。当河水被引用灌溉农田时，为了监测河水水质情况，至少应在灌溉渠首附近的河流断面设置一个监测点，进行常年定期监测。

2. 以农灌和渔牧利用为主的小型河流，应根据利用情况，分段设置监测断面。在有污水流入的上游、清污混合处及其下游设置监测断面和在污水入口上方渠道中设置污水水质监测点，以了解进入灌溉渠的水质及污水对河流水质的影响。

3. 监测断面设置方法。对于常年宽度大于 30 m，水深大于 5 m 的河流，应在所定监测断面上分左、右、中三处设取样点，采样时应在水面下 0.3～0.5 m 处和距河底 2 m 处各采一个水样分别测定；对于小于以上水深的河流，一般可在确定的采样断面中点处，在 0.3～0.5 m 处采一个样即可。

4. 10 hm^2 以下的小型水面，如果没有污水沟渠流入，一般在水面中心处设置一个取水断面，在水面下 0.3～0.5 m 处取样即可代表该水源水质；如果有污水流入，还应在污

水沟渠入口上方和污水流线消失处增设监测点。

5. 对于大于 10 hm^2 的中型和大型水面，可以根据水面污染实际情况，划分若干片，按上述方法设点。对于各个污水入口及取水灌溉的渠首附近水面也按上述方法增设监测点。

6. 为了解底泥对农田环境的影响，可以在水质监测点布设底泥采样点。

(四) 污（废）水排放沟渠的监测布点

连续向农区排放污（废）水的沟渠，应在排放单位的总排污口处、污水沟渠的上、中、下游分别布设监测取样点，定期监测。

五、采样方法

水样一般采集瞬时样。采集水样前，应先用水样洗涤取样瓶和塞子 2～3 次。

1. 用于灌溉的地下水水源采集方法

采集水样时，应先开机放水数分钟，使积留在管道中的杂质和陈旧水排出，然后取样。

2. 用于农田灌溉渠系水源采集方法

一般灌渠采样可由渠边向渠中心采集，较浅的渠道和小河以及靠近岸边水浅的取样点也可涉水采样。采样时，采样者应站在下游向上游用聚乙烯桶采集，避免搅动沉淀物，防止水样污染。

3. 河流、湖泊、水库（塘）水源采集方法

在河流、湖泊、水库（塘）等可以直接汲水的场地，用适当的容器如聚乙烯桶采样。从桥上采集样品时，可将系着绳子的聚乙烯桶（或采样瓶）投入水中汲水。注意不能混入漂流于水面上的物质。

在河流、湖泊、水库（塘）等不能直接汲水的场地，可乘坐船只采样。采样船定于采样点下游方向，避免船体污染水样和搅起水底沉积物。采样人应在船舷前部尽量使采样器远离船体采样。

4. 污（废）水排放沟渠水源采集方法

连续向农区排放污（废）水的沟渠先在排放口用聚乙烯桶采样，然后在水路中用聚乙烯桶采样。

六、采样时间与频次要求

种植业用水采样在农作物主要灌溉用水期各采样 1 次；水产养殖业用水，在其生长期采样 1 次；畜禽养殖业用水，宜与原料产地灌溉用水同步采集饮用水水样 1 次；加工用水每个水源采集水样 1 次。

第三节　大气监测

大气监测是对大气环境中污染物的浓度进行观察、分析其变化和对环境影响的过程。主要是测定大气中污染物的种类及其浓度，观察其时空分布和变化规律。所监测的分子态污染物主要有硫氧化物、氮氧化物、一氧化碳、臭氧、卤代烃、碳氢化合物等；颗粒状污染物主要有降尘、总悬浮微粒、飘尘及酸沉降。通常根据一个地区的规模、大气污染源的分布情况和源强、气象条件、地形地貌等因素，进行规定项目的定期监测。

一、监测布点原则

1. 监测点的布设应具有较好的代表性，所设置的监测点应反映一定地区范围的大气环境污染的水平和规律。

2. 监测点的设置应考虑各监测点的设置条件，尽可能的一致或标准化，使各个监测点所取得数据具有可比性。

3. 监测点的设置应充分满足国家农业环境监测网络的要求，特殊点位应达到该点位设置特殊性的要求。

4. 农区大气环境监测点布设要考虑区域内的污染源可能对农区环境空气造成的影响，考虑地理、气象等自然环境要素，以掌握污染源状况，并能较好地反映该区域环境污染水平。

5. 监测点的位置一经确定不宜轻易变动，以保证监测数据的连续性和可比性。

6. 污染事故应急监测布点设置是哪里有污染就监测哪里，监测点布设在怀疑或已证实有污染的地方，同时考虑设置参照点。

7. 在交叉型多途径大气环境污染和随时间变化污染程度变化明显的特殊情况下，要特殊考虑（如增设监测点、增加监测项目或采样频次等）。

二、监测布点要求

1. 空气监测点设置在主导风向45°～90°夹角内，各监测点间距一般不超过5 km。

2. 监测点应选择在远离林木、城镇建筑物及公路、铁路的开阔地带，距离间隔3 km以上。

3. 各监测点之间的设置条件相对一致，保证各监测点所获得的数据具有可比性。

4. 产地布局相对集中，面积较小的区域，布设1～3个采样点。

5. 产地布局较为分散，面积较大的区域，布设3～4个采样点。

样点的设置数量还应根据空气质量稳定性以及污染物对原料生长的影响程度适当增减。

6. 二氧化硫、氮氧化物、总悬浮颗粒物的采样高度一般为3～15 m，以5～10 m为宜，氟化物采样高度一般为3.5～4.0 m，采样口与基础面应有1.5 m以上的相对高度，以减轻扬尘的影响；农业生产基地大气采样高度基本与植物高度相同；特殊地形地区可视情况选择适当的采样高度。

7. 在例行监测的固定监测点应设置配套的监测亭（室），并考虑有稳定可靠的电源供应。

三、监测布点数量

（一）监测区域采样点数量的确定

根据监测目的、可代表面积的大小、分析测试能力、实际工作条件（如交通和电源）

等确定，同时考虑数理统计和环境空气质量评价精度的要求。

（二）农业生产基地大气环境质量监测

面积较小，布局相对集中，布设3个点；布局比较分散，面积较大适当增加点数；空旷地带和边远地区适当减少点数。同时还要考虑大气质量的稳定性以及污染物对农作物生长的影响适当增减监测点数。

（三）污染源对农业生产基地大气质量的影响监测

视污染源种类、废气排放方式、排放量而定。监测点一般控制在5～7个。

1. 无组织排放源 一般在下风方位设4个点，上风方位设1个对照点。

2. 烟囱或排气筒 污染物最高落地处浓度同污染源的距离与源强、源高（有效高度）、排出口的直径和温度，以及当时当地气象条件密切相关。一般情况下，高浓度出现的地点在距污染源下风方位，相当于排放源有效高度的10～20倍处，通常采用同心圆轴线法或扇形法布点。如现场风向波动较大，宜用同心圆多方位布点法。以污染源为圆心，做16或8个方位的放射线，同心圆数目不少于5～7个，二者交点处即为监测点。监测点数量根据需要适当选择。如现场风向变化不大，可用扇形布点法。以主导风向为轴线，在两侧各扩出30°左右的放射线，不少于3～5条，在扇形区内做出不少于5～7个同心圆弧，二者交叉点处即为监测点，同时在污染源上风方位设置1～2个对照点。

四、监测布点方法

1. 监测点位置的确定应先进行周密的调查研究，采用间断性监测等方法对监测区域内环境空气污染状况有粗略的了解后，再选择确定监测点的位置。

2. 监测点的周围应开阔，采样口水平线与周围建筑物高度的夹角应不大于30°，测点周围无局部污染源并避开树木及吸附能力较强的建筑物。距装置5～15 m范围内不应有炉灶、烟囱等，远离公路以消除局部污染源对监测结果代表性的影响。采样口周围（水平面）应有270°以上的自由空间。

3. 监测点的数据一般应满足方差、变异系数较小的条件，对所测污染物的污染特征和规律较明显，数据受周围环境因素干扰较小。同时也要求选择一个方差较大、影响因素主要来源于大区域污染源，非局部地影响的点。

4. 监测农区环境空气污染的时空分布特征及状况，用网格布点法。对于空旷地带和边远地区应适当降低布点的空间密度，在污染源主导风向下风方位应适当加大布点的空间密度。

5. 污染事故应急监测布点方法，参照《大气污染物综合排放标准》（GB 16297）和《固定污染源排气中颗粒物测定与气态污染物采样方法》（GB/T 16157）。无组织排放按照《大气污染物综合排放标准》（GB 16297）附录C执行。烟囱或排气管道排出的气态或气溶胶污染物对农区环境空气产生的影响，用同心圆轴线法或扇形法进行布点。对于污染因素复杂的区域，应采用随机布点法。

五、采样方法

大气污染物存在的形态不同，采样方法也不同。

（一）气态污染物

将装有吸收液的吸收瓶（内装 50.0 mL 吸收液）连接到采样系统中。启动采样器，进行采样。记录采样流量、采样开始时间、温度和压力等参数。采样结束后，取下样品，并将吸收瓶进、出口密封，记录采样结束时间、采样流量、温度和压力等参数。

（二）颗粒物

打开采样头顶盖，取出滤膜夹，用清洁干布擦掉采样头内滤膜夹及滤膜支持网表面上的灰尘，将采样滤膜毛面向上，平放在滤膜支持网上。同时核查滤膜编号，放上滤膜夹，拧紧螺丝，以不漏气为宜，安好采样头顶盖。启动采样器进行采样。记录采样流量、采样开始时间、温度和压力等参数。

采样结束后，取下滤膜夹，用镊子轻轻夹住滤膜边缘，取下样品滤膜，并检查在采样过程中滤膜是否有破裂现象，或滤膜上颗粒物的边缘轮廓不清晰的现象。若有，则该样品膜作废，需重新采样。确认无破裂后，将滤膜的采样面向里对折两次放入与样品膜编号相同的滤膜袋（盒）中。记录采样结束时间、采样流量、温度和压力等参数。

六、采样时间与频次要求

根据不同的采样目的确定采样时间和频次。应当全面了解农田大气环境质量状况，采样周期与频率要能够满足标准中“各项污染物数据统计的有效性规定”的要求。每日采样时间均以 8 时为起始时间。

（一）二氧化硫

隔日采样，每日采样连续 24 h，每月 14～16 d，每年 12 个月。

（二）氮氧化物

同二氧化硫。

（三）总悬浮颗粒物

隔双日采样，每天 24 h，连续监测，每月监测 9～11 d，每年 12 个月。

（四）氟化物

选用石灰滤纸法或滤膜法。

1. 石灰滤纸法

每月采样连续（20±5）d，每年采样 12 个月。

2. 滤膜法

1 h 平均：每小时至少有 45 min 采样时间；

日平均：每日至少有 12 h 的采样时间；

月平均：每月至少采样 15 d 以上；

植物生长季平均：每个生长季至少有 70%（指生长季的 70%）个月平均值。

（五）臭氧

1 h 平均：每小时至少有 45 min 采样时间。监测臭氧取样一般采用 1 h 平均值法。

如出现污染事故，可根据具体情况，随时增加采样频率，进行应急监测，以了解污染状况。

第四节　农业面源污染监测

农业面源污染主要是指在农业生产活动过程中，由于各种污染物以低浓度、大范围缓慢地在土壤圈内运动或从土壤圈向水圈扩散，致使土壤、含水层、湖泊、河流、滨岸、大气等生态系统遭到污染的现象，具有形成过程随机性大、影响因子多、分布范围广、潜伏周期长、危害大等特点。农业面源污染包括化肥污染、农药污染、农膜污染、畜禽粪便污染、农业废弃物污染、生活垃圾及工业“三废”污染等。农业面源污染易导致农产品产地生态环境恶化，受污染农田比例上升，农产品安全得不到保障，农产品中的硝酸盐、农药和重金属等有害物质残留量超标。也对人居环境产生危害，影响人们身体健康。

农业面源污染监测是掌握农田污染状况、科学制定农田面源污染治理方案的重要手段和依据。农田面源污染监测包括地表径流面源污染监测和地下淋溶面源污染监测。

一、农田地表径流面源污染监测

农田地表径流面源污染监测主要监测借助降雨、灌水或冰雪融水将农田土壤中的氮、磷、农药等水污染物向地表水体径向迁移的过程。主要用于水田、水旱轮作耕地、平原旱作耕地的地表径流面源污染监测。一般采用径流池法监测地表径流面源污染排放通量。径流池法是指在田间修建具有防雨、防渗功能的径流池，用于收集特定监测小区地表径流，并以此监测农田地表径流面源污染物排放量，其主要设施包括径流池、径流收集管、抽排池和集水槽。排放通量是指单位时间、单位面积农田通过地表径流或地下淋溶途径向周边环境排出的氮、磷等面源污染物总量。

（一）径流池建造

径流池是一种用于收集特定监测小区内地表径流的固定设施，具有防雨、防渗功能，是进行农业面源污染监测的重要设施。

1. 径流池布局　每个监测小区对应一口径流池，收集该监测小区地表径流。根据监测田块条件，水田（或水旱轮作）、平原地表径流池位于双行监测小区的中间，见图 3 - 1a，或位于监测小区同一侧，见图 3 - 1b。坡耕地农田地表径流池位于监测小区坡的下方，见图 3 - 1b。

2. 径流池容积　径流池容积设计以能够容纳当地单场最大暴雨所产生的径流量为依据来确定。各个监测点应根据监测小区的面积、当地最大单场暴雨量记录及其产流量来确定径流池的大小。如小区面积 30 m^2，单场最大暴雨以 100 mm、产流量按 40 mm 计（根据各地的气象资料以及产流系数确定），径流池容积为 $30\times(40\div1\ 000)=1.2\ m^3$。

水田（或水旱轮作）、平原地表径流池的长、宽、深可根据实际情况而定。一般情况下，径流池地面以下池深为 80～100 cm，地上部分高度与监测小区田埂持平，即高出地面 20 cm，每个径流池长度为小区宽度的一半见图 3 - 1a，或者等于小区的宽度见图 3 - 1b，径流池内部宽度一般为 80～120 cm。

坡耕地径流池长度等于小区宽度 3～5 m，见图 3 - 1b，径流池内部宽度一般为 60～100 cm，深度与水田径流池相同，为 80～100 cm。

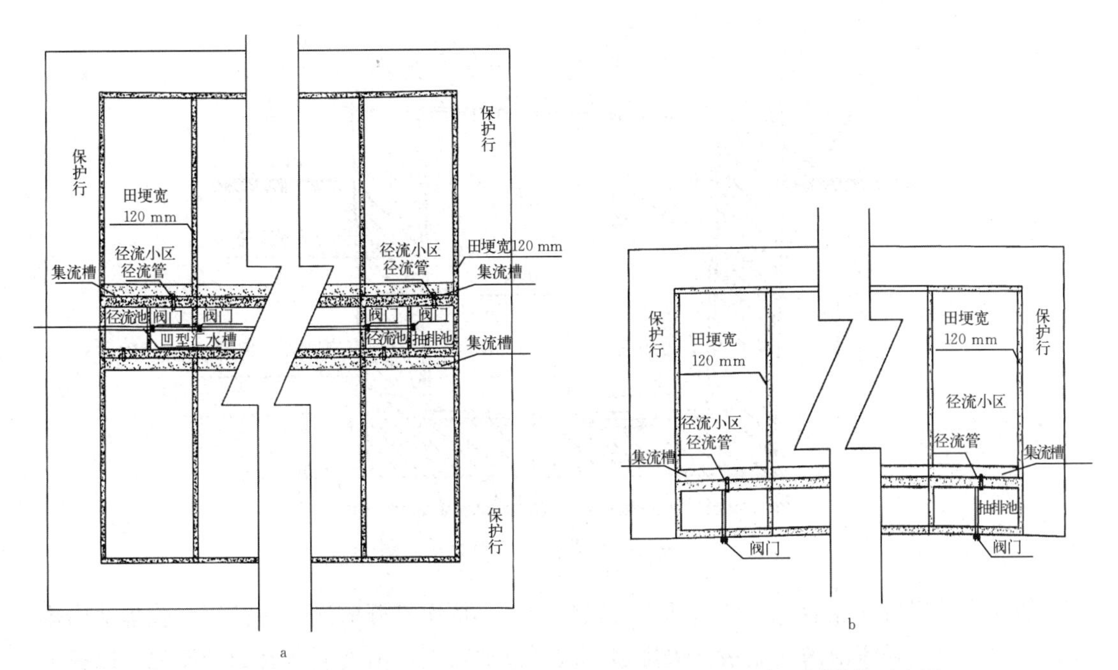

图 3-1　水田、水旱轮作农田、坡耕地地表径流面源污染监测设施示意图
a. 双行排列　b. 单行排列

3. 径流池建设施工　径流池建设的基本要求是不漏水、不渗水、有效收集监测小区内的径流排水。根据各地区的气候及土质条件差异，北方地区建议采用防水钢筋混凝土或素混凝土（不放置钢筋）。

修筑池壁和池底，避免冬季冻裂，南方地区采用砖混结构（池底必须为混凝土浇筑）修筑。径流池池壁如果采用混凝土浇筑，厚度一般为 20～25 cm；如采用砖砌筑，厚度应不小于 24 cm。径流池内外壁两侧、池底均需要进行防渗处理，涂抹防水砂浆，避免渗水、漏水。

防渗处理要求：①池壁、池底都采用混凝土浇筑时，要求使用细石混凝土，并添加防水剂，提高混凝土的密实性和抗渗性，必要时增加池底及池壁厚度；②池壁采用砖砌时，严格控制砖及水泥质量，抗渗性、强度应达到设计要求，砖砌筑时，砂浆要饱满，砖墙与混凝土接触面混凝土底板要经过凿毛处理，内外面均做防渗处理。

径流池底粉砂浆时，预留池底中间排水凹型汇水槽（排水凹槽）找 2°坡（图 3-2），便于池底部水向排水凹槽汇集排水。

4. 排水凹型槽及配套排水管阀　为快速排空径流池内的径流水，在每个径流池底部中间沿径流池串联方向，设置一条排水凹型汇水槽，排水凹槽规格为 10 cm×10 cm；同时，在相邻径流池的池壁，对应排水凹槽位置，埋设直径为 10 cm 带阀门的 PPR 管（注意阀门安装在靠近抽排池一侧），连通排水凹型槽至抽排池。每次取完径流样品后，抽空排水池径流水，依次打开各径流池排水管阀门，排空径流池内径流水，边排边清洗径流池。为方便排水凹槽能自流排水，修建排水凹槽时应尽可能向抽排池方向找 2°坡。

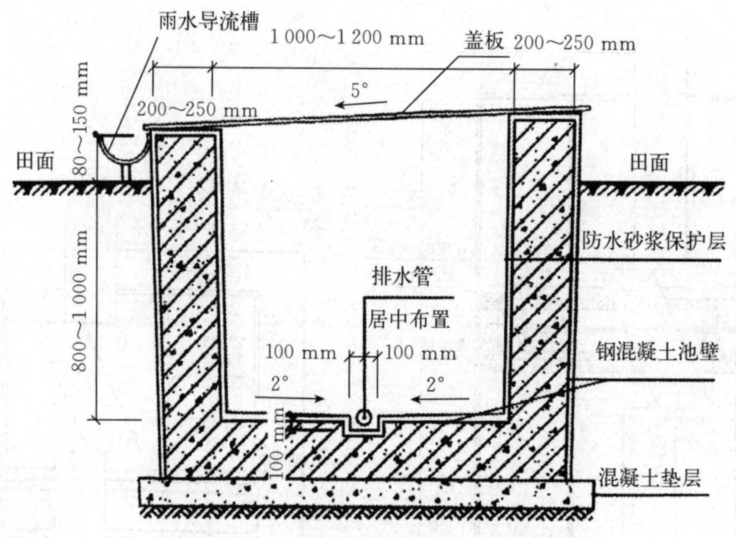

图 3-2　农田地表径流池剖面示意图

每次取完径流样品后，先抽空抽排池径流水，再依次打开监测小区径流池收集池内排水管阀门，排空径流池内径流水，边排边清洗径流池，直到清洗完所有的径流池，以备下次采集径流时使用。

5. 径流水量计量　为准确计量每个监测小区的径流水量，每个监测地块应配备一个硬质标杆尺（最小刻度为毫米），用来测量径流池内水的深度，根据径流池底面积，计算出径流量；或者在每个径流池的池壁上，从底部开始，标上刻度标记，用来计量径流水的深度。

径流池底部面积与径流水高度的乘积，再加上排水凹型汇水槽部分的体积，即径流水量。

另外，每个径流池需配备一个 20 L 并有容积刻度的敞口塑料桶，便于地表径流较少时的径流收集。

6. 径流池盖　径流池盖是指盖在径流池上方的硬质盖板。为保证人员安全，阻挡降雨，防止蛇、蛙等小动物进入径流池，盖板向没有监测小区（图 3-3）的一侧保持 5°倾斜，以便盖板上的雨水排出。

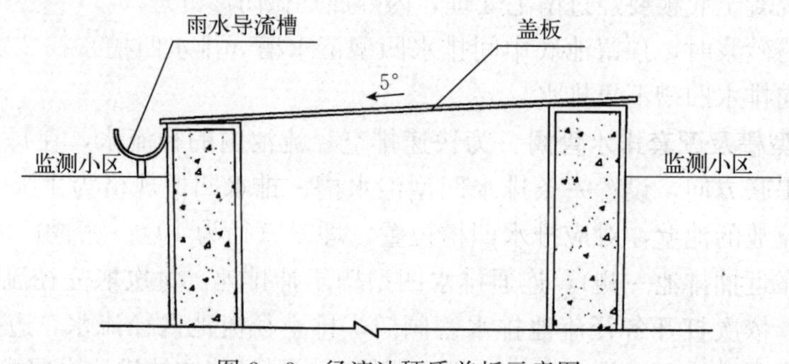

图 3-3　径流池硬质盖板示意图

（二）径流收集管及其安装

径流收集管是由直径为5～10 cm的PPR管或PPR管和1个三通管（管口均带盖）或集流沟（槽）连接而成的用于收集径流液的通道。水田（或水旱轮作）、坡地和平原地由于种植作物、土壤质地、地势等不同，对径流收集管及其安装要求也不相同。

1. 水田（或水旱轮作）径流收集管及其安装 对于单季稻、双季稻等全年只种水稻等水生作物的地块，径流收集管由直径为5～10 cm的PPR管和1个三通管（管口均带盖）连接而成（图3-4）。三通管垂直管口A，用于水稻生长、田面存水期间的径流水收集，管口高于田面5～10 cm（以当地水稻田田埂排水口的平均高度为准）；三通管水平管口B紧贴田面，用于水稻生长晒田期、落干期或休闲期径流水收集。在水稻生长、田面存水期，用橡胶塞塞紧三通管水平管口B（或盖上管盖）；在水稻生长晒田期、落干期或休闲期，打开三通管水平管口B，收集径流水。

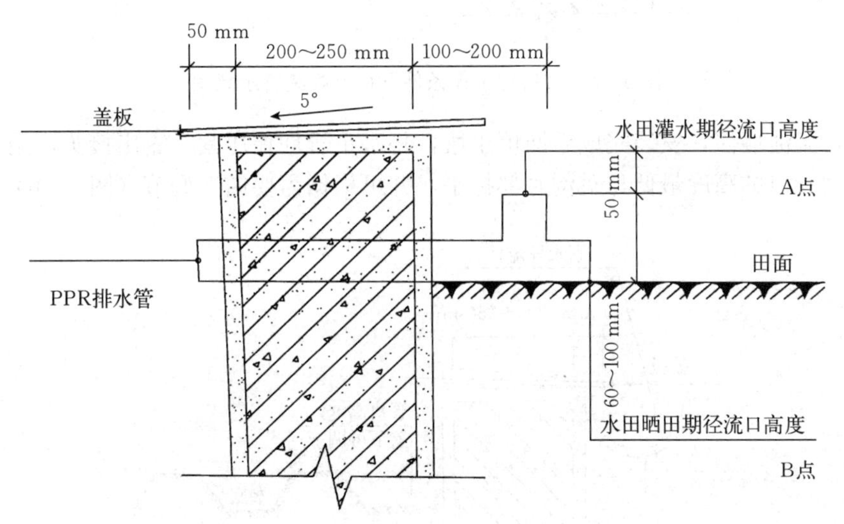

图3-4 水田、水旱轮作农田地表径流收集管示意图

2. 坡地径流收集管及其安装 根据耕种方式的不同，可将丘陵山区坡耕地地表径流收集管分为平作径流收集管、横坡垄作径流收集管和顺坡垄作径流收集管3种。

（1）平作径流收集管及其安装。在平作条件下，径流收集管由集水沟（槽）和直径为5～10 cm的PPR径流管组成。在小区最下方、沿径流池壁方向用水泥浇筑一条长与小区宽度相同，宽10 cm、深5 cm（即低于地面5 cm）的集水沟（槽），集水沟（槽）在宽度方向上向径流池壁找约5°下降坡。PPR径流管设在径流池中心位置，横穿单侧径流池墙体，其下侧紧贴集水沟（槽）表面，管口内壁略高于集水沟（槽）表面0.5 cm，确保其对径流中的泥沙有一定淀积作用，减少泥沙进入径流池（图3-5）。

（2）横坡垄作径流收集管及其安装。在横坡垄作条件下，首先应确保监测小区最下方紧邻径流池壁的为垄沟，而非垄背，垄高、垄宽应采用当地平均规格。径流收集管由直径为5～10 cm的PPR垂直弯管组成。首先在径流池中心、垄沟底部向下挖长、宽均为15 cm、深6 cm的方形坑，坑底部安装一个直径为5～10 cm的垂直弯管，其水平管部分

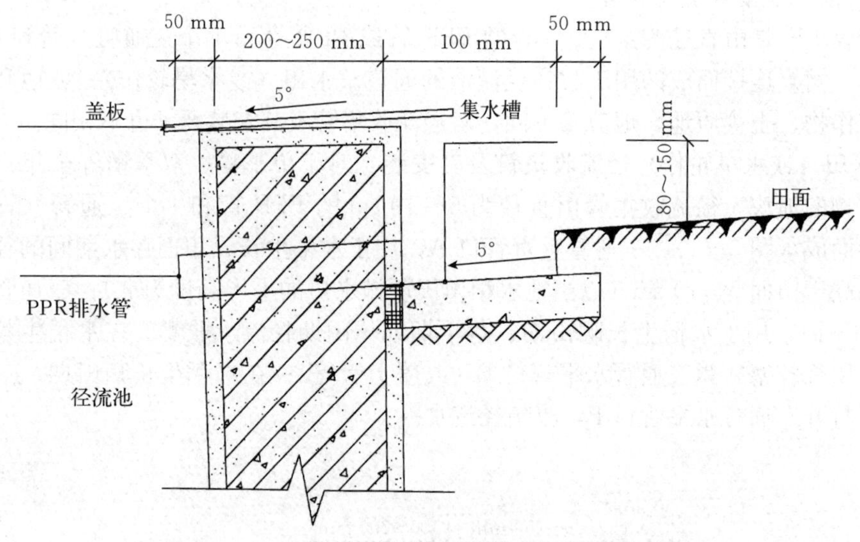

图 3-5　坡耕地平作条件下径流收集管示意图

横穿单侧径流池墙体，安装完成后回填土壤，将水平管埋住压紧，露出接头，用于连接垂直管，垂直管口的高度最低与垄沟底部持平，并可根据需要向上调节（图 3-6）。

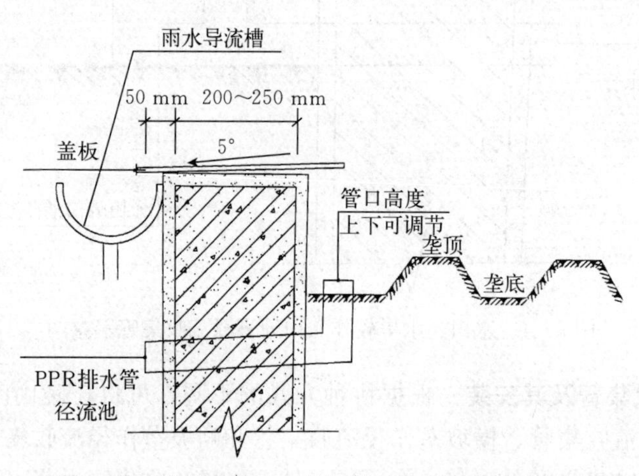

图 3-6　坡耕地横坡垄作条件下径流收集管示意图

（3）顺坡垄作径流收集管及其安装。在顺坡垄作条件下，径流收集管由集水沟（槽）和直径为 5～10 cm 的 PPR 垂直弯管组成。首先在监测小区最下方、沿径流池壁方向挖一条长与小区宽度相同，宽 10 cm、深度与垄沟底部持平的集水沟（槽）（图 3-7）。在集水沟（槽）的中心位置（即径流池中心），向下挖长、宽均为 15 cm、深 6 cm 的方形坑，坑底部安装一个直径为 5～10 cm 的垂直弯管，其水平管部分横穿单侧径流池墙体，安装完成后回填土壤，将水平管埋住压紧，露出接头，用于连接垂直管，垂直管口的高度最低与垄沟底部持平，并可根据需要向上调节。需注意的是，回填土后，集水沟（槽）的深度与垄沟持平（图 3-8）。

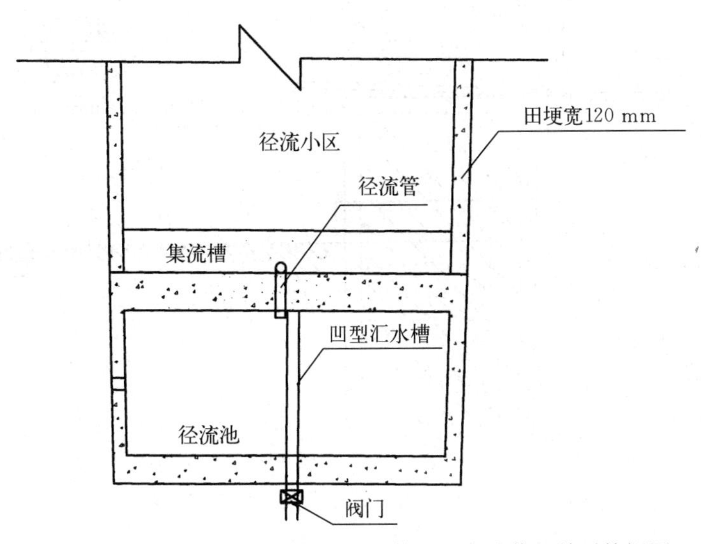

图 3-7　径流小区、集流槽、径流管、径流池位置关系俯视图

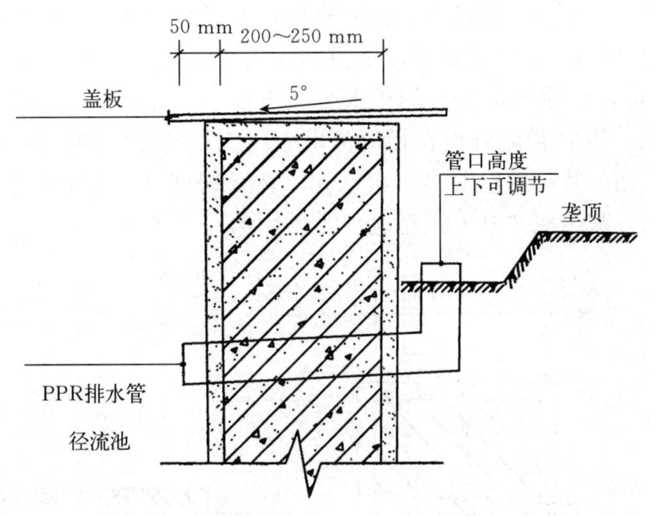

图 3-8　顺坡垄作条件下径流收集管示意图

3. 平原农田地表径流收集管及其安装　平原旱地农田地表径流收集管可以根据监测地块耕种方式的不同，分为厢沟、平作和垄作 3 种方式。

（1）厢沟耕种方式径流收集管及其安装。厢沟耕种方式多见于我国南方冬油菜、冬小麦、棉花等旱作作物栽培。一般情况下，厢宽 1.5～2.5 m，排水沟宽 20～30 cm，沟深 8～20 cm。该种方式下，在每个监测小区中间、沿长边方向挖一条 8～20 cm 深的排水沟（以当地排水沟的平均深度为准），同时在径流池边开一条集水沟与排水沟形成 T 形排水沟，在径流池靠监测小区一侧池壁中间，安装直径为 5～10 cm 贯穿径流池单侧墙体的 PPR 管，PPR 管底部应平齐于排水沟底部（图 3-9）。

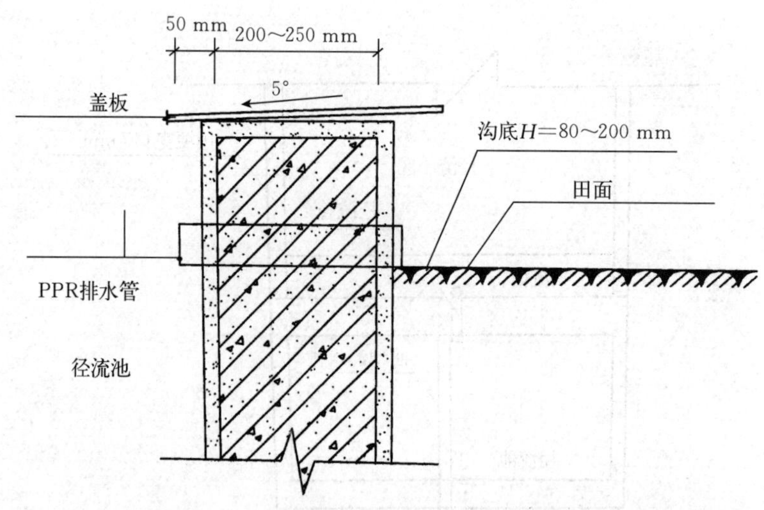

图 3-9　平原旱地厢沟方式径流收集管示意图

（2）平作耕种方式径流收集管及其安装。平作耕种方式多见于我国北方冬小麦、玉米等作物平播地区，不开沟，不起垄，作物种植栽培于土壤表面。在平作耕种（即地面保持平整状态，不开沟，不起垄）条件下，径流收集管由集水沟（槽）和直径为 5～10 cm 的水平 PPR 管组成。在监测小区紧邻径流池方向，用水泥浇筑一条长与小区长度相同、宽 10 cm、深 5 cm（即低于地面 5 cm）的集水沟（槽），集水沟（槽）在宽度方向上向径流池壁找约 5°下降坡。PPR 径流管设在径流池中心位置，横穿单侧径流池墙体，其下侧紧贴集水沟（槽）表面，管口内壁略高于集水沟（槽）表面 0.5 cm，确保其对径流中的泥沙有一定淀积作用，减少泥沙进入径流池（图 3-10）。

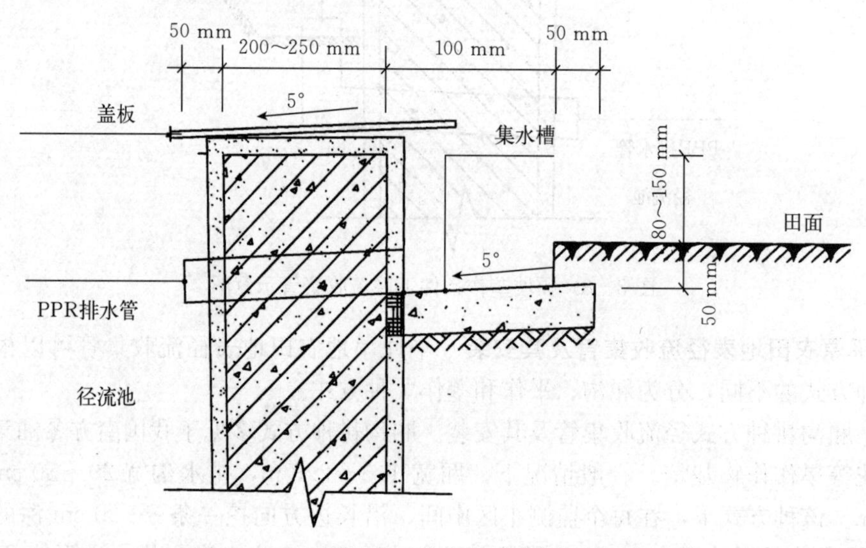

图 3-10　平原旱地平作方式径流收集管示意图

（3）垄作耕作方式径流收集管及其安装。垄作耕种方式多见于我国蔬菜种植区及玉米、烤烟、棉花等作物种植区。一般垄上种植作物，垄沟排水。在垄作耕种条件下，垄高、垄宽应采用当地平均规格。在沿小区宽边，紧贴径流池壁方向（即沿径流池串联方向），挖一条较垄沟深 6 cm 的沟（槽），沟（槽）底部安装一个直径为 5～10 cm 的垂直弯管，其水平管部分横穿径流池单侧，垂直管部分可上下调节，管口实际高度以当地垄沟排水高度为准。安装完成后回填土壤，将水平管埋住压紧，露出接头，用于连接垂直管（图 3-11）。

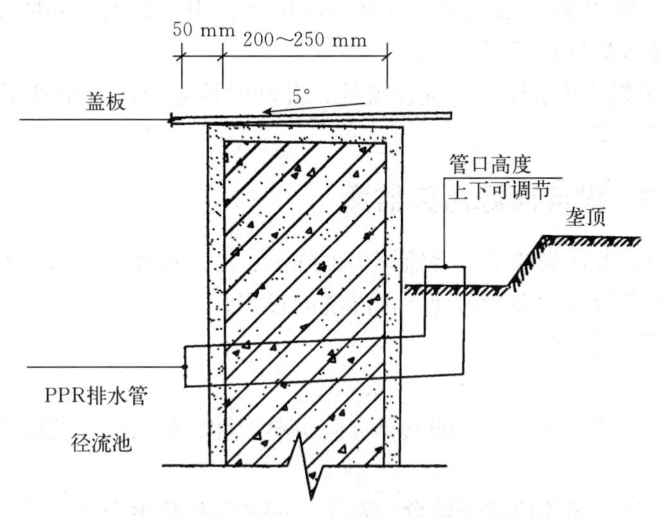

图 3-11 平原旱地垄作方式径流收集管示意图

（三）抽排池建造

抽排池是用于储存、抽排各试验阶段径流池中径流水的设施。抽排池位于径流池最外侧，比径流池深 10 cm，一般在地表以下 90～110 cm，地面以上高度与径流池高度相同。抽排池宽度与径流池相同，长度可短于径流池，具体尺寸可根据实际情况而定（图 3-12）。

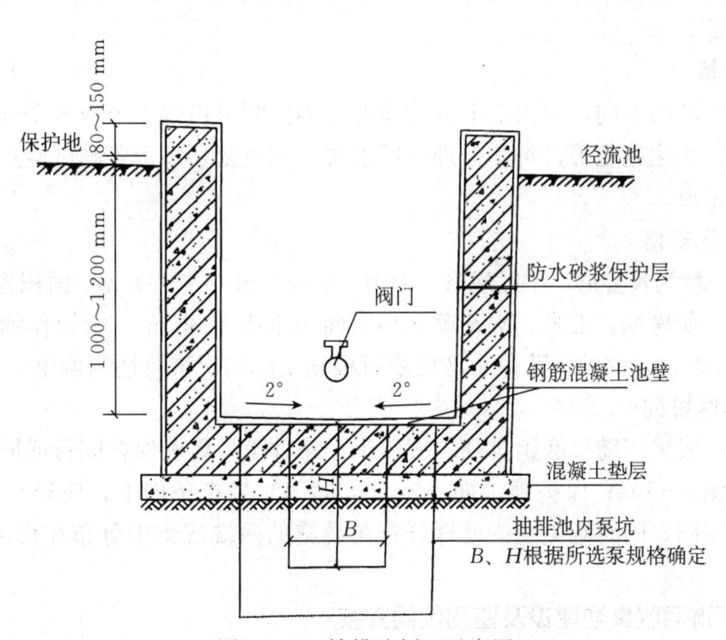

图 3-12 抽排池剖面示意图

为了便于抽排池内积水排空，抽排池内应设置集水坑，坑内放置水泵，集水坑长、宽尺寸及深度应根据所选水泵规格确定。

（四）径流池的使用与维护

1. 每个监测小区及相对应的径流池均需注明标记，明确编号，避免样品混淆。

2. 定期检查监测设施，确保所有监测小区田埂、田间径流池和防水盖板没有破损、漏水、渗水，径流收集管口高度一致。

3. 确保及时采集径流水样并清洗径流池，并随时检查径流收集管不被泥沙及杂物堵塞，影响径流水的收集。

二、农田地下淋溶面源污染监测

农田地下淋溶面源污染监测主要监测借助降雨、灌水或冰雪融水使农田土壤表面或土体中的氮、磷、农药等水污染物向地下水淋洗的过程。

（一）田间监测小区建设

1. 选点依据

农田地下淋溶面源污染监测点的选择应满足典型性、代表性、长期性和抗干扰性等几个方面的要求。

（1）典型性。试验地块应位于粮食、蔬菜、园艺等作物主产区。

（2）代表性。试验地块的地形、土壤类型、肥力水平、耕作方式、灌排条件、种植方式等具有较强的代表性。

（3）长期性。试验地块应尽可能位于试验站、农场或园区内，避免土地产权纠纷，便于管理，确保监测工作能持续稳定开展。

（4）抗干扰性。试验地块尽可能选择在地形开阔的地方，远离村庄、建筑、道路、河流、主干沟渠等。

2. 处理设置

根据监测目的的不同，农田地下淋溶面源污染监测可设置1个或多个处理，如常规对照、优化灌溉、优化施肥等，每个处理一般设置3次重复。每个监测试验点一般由3个以上的监测小区组成。

3. 监测小区规格

监测小区一般为长方形，小区规格一般为（6～8）m×（4～6）m，面积为30～50 m^2。

中耕作物（如烤烟、玉米、棉花等）小区面积不小于36 m^2，密植作物（如小麦）小区面积不小于30 m^2，保护地蔬菜小区面积可根据实际情况进行适当调整。

4. 监测小区排列

监测小区一般采用随机区组排列。大田生产条件下，要确保在同行或同列上不出现相同的处理，见图3-13a；保护地（如温室、大棚等）生产条件下，应避免不同区组内处理间排列顺序相同，同时避免同一处理分布在设施的两端或集中分布在设施的中间地带，见图3-13b。

（二）地下淋溶收集池建设及监测仪器安装

1. 地下淋溶收集池建设 地下淋溶面源污染监测一般采用田间渗滤池法。田间渗滤

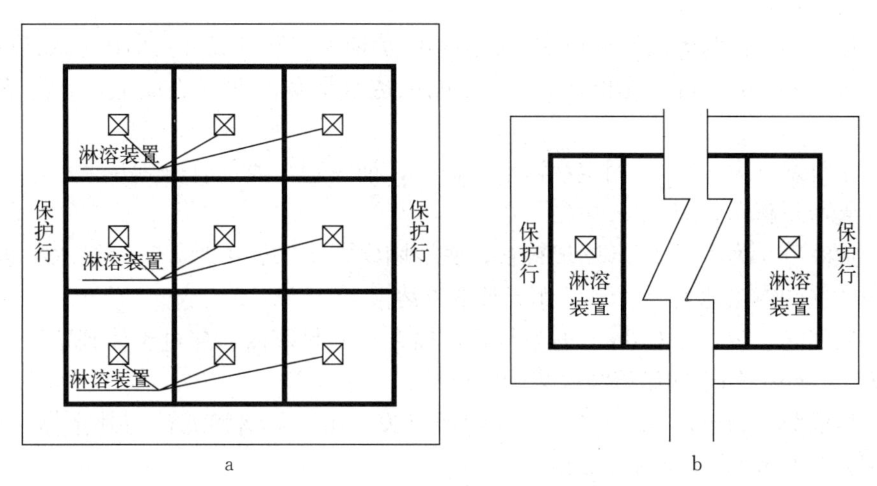

图 3-13 不同生产条件下农田地下淋溶面源污染监测小区及淋溶装置排列示意图
a. 大田生产条件下 b. 保护地生产条件下

池装置预置埋藏于地下，如图 3-14（地下部分）所示。安装田间渗滤池装置时，先将监测土体分层挖出、分层堆放，形成一个长方体土壤剖面，下部安装淋溶液收集桶，用集液膜将土壤剖面四周及底部包裹，然后分层回填土壤。

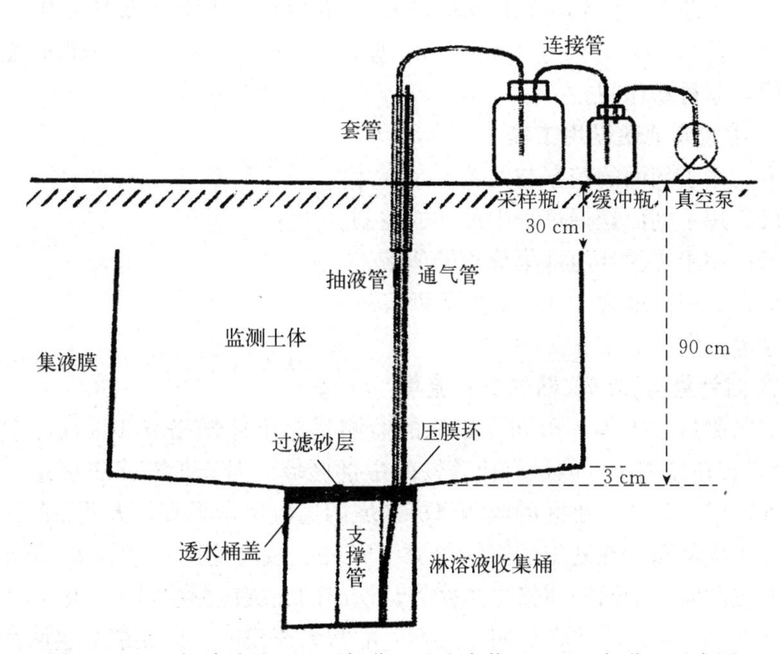

图 3-14 田间渗滤池（地下部分）及取水装置（地上部分）示意图

2. 地下淋溶收集池组件及规格

（1）淋溶液收集桶。为聚丙烯材质圆柱形水桶，直径 40 cm，深 35 cm，用于收集淋溶液。

（2）支撑管。为 PVC 圆管，直径 15 cm，高 30 cm，直立于淋溶液收集桶中部，用于支撑桶盖与固定抽液管。

（3）透水桶盖。为聚丙烯材质多孔、圆形凹状桶盖，淋溶液可从小孔进入桶内。

（4）过滤网。100 目尼龙网，2 层，粘贴在透水桶盖的凹状表面上，起淋溶液过滤作用。

（5）密封塞（大、小）。固定在透水桶盖上，抽液管与通气管分别从大、小两塞的内部穿过，起密封作用。

（6）抽液管。为直径 1 cm 的塑料管，底端固定在支撑管下部，穿过透水桶盖和土体到达地面，顶端露出地表 100 cm，用于抽取淋溶液。

（7）通气管。为直径 0.3 cm 的塑料管，插在小密封塞内，穿过土体到达地面，顶端露出地表 100 cm，用于向淋溶液收集桶内通气。

（8）集液膜。为厚度 0.8～1.0 mm 的塑料膜，用于隔离渗滤池与外土体，共 2 块，尺寸分别为 3.5 m×1.2 m 和 2.8 m×1.9 m。

（9）压膜环。为聚丙烯材质圆形环，可将集液膜压入透水桶盖内，使膜与桶盖连接为一个整体。

（10）过滤砂层。粒径 2～3 mm 的石英砂，用稀酸与清水反复洗净，晾干后装入透水桶盖的凹状处，用于过滤淋溶液。

（11）套管。为直径 16 mm 的 PVC 管，长度 100 cm，抽液管与通气管从其中穿过，垂直于地面，埋入地下 30 cm，露出地表 70 cm，起保护、固定和标志作用。

（12）塑料薄膜。4 块，尺寸 1 m×2 m，厚度 0.8～1.0 mm，用于临时堆放剖面中按层挖出的土壤，起衬垫作用。

3. 地下淋溶收集池建设用工具

（1）铁锹。用于剖面的挖掘与回填。

（2）卷尺。用于剖面挖掘过程中尺寸的控制。

（3）剪刀。用于压膜环内部集液膜的剪裁。

（4）壁纸刀。用于地表下 30 cm 处集液膜的剪裁。

（5）记号笔。用于标记。

4. 地下淋溶计量与监测仪器的安装流程

（1）划定监测目标土体。田间渗滤池的监测目标土体规格长 150 cm、宽 80 cm、深 90 cm，一般安装在监测小区内最有代表性的中部区域。对于拥有多个区组、多个监测小区的地块，各区组、各监测小区的监测目标区域四边应保持平齐，方便田间管理。

（2）挖掘土壤剖面。在划定的田间渗滤池安装区域内挖掘一个长 150 cm、宽 80 cm、深 90 cm 的土壤剖面，剖面四周修平、修齐。挖出的土壤应分层（0～20 cm、20～40 cm、40～60 cm、60～90 cm）堆放在标明土层编号的塑料薄膜上，以便能分层回填。在挖掘过程中，要保证土壤剖面四壁整齐不塌方。

（3）修底、挖小剖面。先将土壤剖面底部修理成周围高出中心 3～5 cm 的倒梯形（以便淋溶液向中部汇集），然后在剖面正中心位置向下挖一个直径 40 cm、深 35 cm 的圆柱形小剖面。

（4）放置淋溶液收集桶。将淋溶液收集桶垂直放入小剖面中，周壁若有缝隙用细土封填、压实。

(5) 连接抽液管。打开透水桶盖，将支撑管直立放置在收集桶的中部，使抽液管的下端处于收集桶的底部，抽液管上端从桶盖底部经大密封塞抽出到桶盖上，边盖桶盖边调整抽出的长度，桶盖盖严后，再把通气管从桶盖的上表面经小密封塞穿入桶中。穿管过程中注意不能让土壤掉入桶中。

(6) 铺集液膜。将尺寸为3.5 m×1.2 m的集液膜铺在与土壤剖面80 cm边平行方向的底部与侧壁，尺寸为2.8 m×1.9 m的另一张集液膜铺在与土壤剖面150 cm边平行方向底部与侧壁，铺前在膜的中部对应位置打出略小于通气管与抽液管直径的小孔，把两管从孔中穿过，再把膜平铺在剖面底部与周围，剖面底部塑料膜为两层，剖面四壁拐角处互相重叠20 cm。塑料膜上部多出剖面上沿约10 cm，将其固定在地表上，使膜不下滑并与四面土壁紧贴。

(7) 压膜、裁膜。把透水桶盖上方的塑料膜用压膜环压到桶盖的下凹处，使膜与桶连接成一体，压紧后，用剪刀将连接环内的塑料膜沿压膜环内缘小心剪裁去除，注意不要剪伤尼龙网，随后再把准备好的石英砂平铺至桶盖上沿并与其相平。

(8) 回填。按土壤挖出时的逆序分层回填，边回填边压实，并整理塑料膜使之与剖面四壁之间以及薄膜重叠部分之间均紧密连接，回填过程中可少量多次灌水，促使土层沉实。回填至距地表30 cm时，将集液膜沿回填土表面裁掉，把通气管与抽液管穿过套管，套管垂直立于土表，再回填最上层土壤，回填后将小区地表整平，即可进行农事操作。

5. 使用与维护

(1) 田间渗滤池内种植作物品种、密度、时期、行向等与所在小区完全一致，施肥品种、施肥量、灌溉量及灌溉方式也确保与所在小区完全一致。

(2) 耕作时应避免对抽液管、通气管、集液膜造成损坏。

(3) 每次产生淋溶水后，应保障及时取水。将真空泵连接缓冲瓶，缓冲瓶连接采样瓶，采样瓶连接淋溶液收集桶，并保证各接口处连接紧密，然后启动真空泵将淋溶液抽入采样瓶中。将淋溶液带回实验室测试或冷冻保存备用。

(4) 定期检查田间渗滤池装置的抽液管、通气管是否完好，保障设施能正常运行。

(5) 田间渗滤池所在区域应设明显标志，以防止被损坏。

思考题

1. 开展农产品产地环境监测工作有何现实意义？
2. 简述不同农业生产区土壤质量监测的布点数量标准。
3. 简述不同农田灌溉水源质量监测的布点方法。
4. 简述平原旱地农田地表径流面源污染监测设施——径流池建设技术规范。

第四章　农产品安全生产

根据《农产品质量安全法》，农产品质量安全是指农产品质量符合保障人的健康、安全的要求。农产品质量安全标准是指依照有关法律、行政法规的规定制定和发布的农产品质量安全的强制性技术规范，一般是指规定农产品质量要求和卫生条件，以保障人的健康、安全的技术规范和要求。如农产品中农药、兽药等化学物质的残留限量，农产品中重金属等有毒物质的允许量，致病性寄生虫、微生物或者生物毒素的规定，对农药、兽药、添加剂、保鲜剂、防腐剂等化学物质的使用规定等。其中，农产品质量合格是农产品质量安全最基本和普遍的要求，其产品称为合格农产品，根据《中华人民共和国农产品质量安全法》和《食用农产品合格证管理办法（试行）》规定，目前，我国全面推行并建立农产品合格证制度，从产前、产中和产后各个环节对农产品质量安全进行监管，是食用农产品产地准出、市场准入的必要条件。在我国质量标准体系中发挥重要作用的“三品一标”（合格农产品、绿色食品、有机农产品和农产品地理标志）中的“合格农产品”已与农产品合格证制度衔接，并逐渐退出了历史舞台，标志着我国农产品质量安全监管由以政府为主导转为以市场为导向，生产经营者从被动接受到主动参与，实现监管的良性循环。同时，在目前过渡阶段，我国已建立的农产品质量安全标准体系仍在发挥重要作用。

农产品安全生产则是指种植业、畜禽养殖业和渔业产品生产过程中，所选择的场地和采取的农事操作必须符合国家或行业法规和技术标准要求，以保证农产品质量的安全、生产者的安全和生产环境的安全。本章主要介绍实现农产品合格认证的安全生产要求。

第一节　农产品安全生产产地选择

农产品产地环境是以所生产产品为主体而言的各种环境因素的总和，主要指土壤、水源、空气、微生物等农业生产的基础物质条件。生产基地环境质量直接影响产品的质量安全，是保证农产品安全的基础条件，其选择是农产品生产的关键环节。农产品安全生产产地要求自然生态条件优良、土壤清洁、水源及地下水无污染，远离城区、工厂、矿床等污染源并具有可持续生产能力，集中连片，有一定的生产规模，产地区域范围明确，产品产量相对稳定。不同产业产地环境都要符合相应的质量要求。

一、种植业产地环境

(一) 空气质量

农产品安全生产对空气中总悬浮颗粒物、二氧化硫、二氧化氮等空气污染物含量有严格的要求，其产地环境空气质量应符合《环境空气质量标准》(GB 3095) 二级质量标准的规定(表 4-1、表 4-2)。产地空气质量主要受周边空气质量的影响，因此，农产品产地应当选择在离城区和大型工厂较远并处于生产季上风区域，以减少受城市和工厂空气排放的影响。

表 4-1 环境空气污染物基本项目浓度限值

污染物项目	平均时间	浓度限值（二级）	单位
二氧化硫（SO_2）	年平均	60	μg/m^3
	24 h平均	150	
	1 h平均	500	
二氧化氮（NO_2）	年平均	40	
	24 h平均	80	
	1 h平均	200	
一氧化碳（CO）	24 h平均	4	mg/m^3
	1 h平均	10	
臭氧（O_3）	日最大 8 h平均	160	μg/m^3
	1 h平均	200	
颗粒物（粒径≤10 μm）	年平均	70	
	24 h平均	150	
颗粒物（粒径≤2.5 μm）	年平均	35	
	24 h平均	75	

资料来源：GB 3095—2012。

表 4-2 环境空气污染物其他项目浓度限值

污染物项目	平均时间	浓度限值（二级）	单位
总悬浮颗粒物（TSP）	年平均	200	μg/m^3
	24 h平均	300	
氮氧化物（NO_X）（以 NO_2 计）	年平均	50	
	24 h平均	100	
	1 h平均	250	
铅（Pb）	年平均	0.5	
	季平均	1.0	
苯并［a］芘（BaP）	年平均	0.001	
	24 h平均	0.002 5	

资料来源：GB 3095—2012。

（二）灌溉水质量

农产品安全生产对灌溉用水中化学需氧量、镉、氟化物、大肠杆菌等物质的含量都有严格指标限制，其产地灌溉水质量应符合表 4－3 的规定。种植业灌溉用水主要来源于河流、库（塘）堰或地下水。上述水源地应当得到较好的环境保护，没有大型化工厂、矿床、养殖场的超标污水排放，地下水没有受到过任何污染。

表 4－3　农田灌溉水质选择控制项目限值

序号	项目类别			作物种类		
				水田作物	旱地作物	蔬菜
1	基本控制项目限值	pH		5.5～8.5		
2		水温/℃	≤	35		
3		悬浮物/(mg/L)	≤	80	100	60[a]，15[b]
4		五日生化需氧量（BOD_5）/(mg/L)	≤	60	100	40[a]，15[b]
5		化学需氧量（COD_{Cr}）/(mg/L)	≤	150	200	100[a]，60[b]
6		阴离子表面活性剂/(mg/L)	≤	5	8	5
7		氯化物（以 Cl^- 计）/(mg/L)	≤	350		
8		硫化物（以 S^{2-} 计）/(mg/L)	≤	1		
9		全盐量/(mg/L)	≤	1 000（非盐碱土地区），2 000（盐碱土地区）		
10		总铅/(mg/L)	≤	0.2		
11		总镉/(mg/L)	≤	0.01		
12		铬（六价）/(mg/L)	≤	0.1		
13		总汞/(mg/L)	≤	0.001		
14		总砷/(mg/L)	≤	0.05	0.1	0.05
15		粪大肠菌群数/(MPN/L)	≤	40 000	40 000	20 000[a]，10 000[b]
16		蛔虫卵数/(个/10 L)	≤	20	20[a]，10[b]	
17	选择控制项目限值	氰化物（以 CN^- 计）/(mg/L)	≤	0.5		
18		氟化物（以 F^- 计）/(mg/L)	≤	2（一般地区），3（高氟区）		
19		石油类/(mg/L)	≤	5	10	1
20		挥发酚/(mg/L)	≤	1		
21		总铜/(mg/L)	≤	0.5	1	
22		总锌/(mg/L)	≤	2		
23		总镍/(mg/L)	≤	0.2		
24		硒/(mg/L)	≤	0.02		
25		硼/(mg/L)	≤	1[c]，2[d]，3[c]		
26		苯/(mg/L)	≤	2.5		
27		甲苯/(mg/L)	≤	0.7		
28		二甲苯/(mg/L)	≤	0.5		

（续）

序号	项目类别			作物种类		
				水田作物	旱地作物	蔬菜
29	选择控制项目限值	异丙苯/(mg/L)	≤	0.25		
30		苯胺/(mg/L)	≤	0.5		
31		三氯乙醛/(mg/L)	≤	1	0.5	
32		丙烯醛/(mg/L)	≤	0.5		
33		氯苯/(mg/L)	≤	0.3		
34		1,2-二氯苯/(mg/L)	≤	1		
35		1,4-二氯苯/(mg/L)	≤	0.4		
36		硝基苯/(mg/L)	≤	2		

注：a. 加工、烹调及去皮蔬菜。

b. 生食类蔬菜、瓜类和草本水果。

c. 对硼敏感作物，如黄瓜、豆类、马铃薯、笋瓜、韭菜、洋葱、柑橘等。

d. 对硼耐受性较强的作物，如小麦、玉米、青椒、小白菜、葱等。

f. 对硼耐受性强的作物，如水稻、萝卜、油菜、甘蓝等。

资料来源：GB 5084—2021。

（三）土壤质量

土壤是农产品生产的主要生态环境，对农产品安全生产至关重要。土壤中重金属镉、铬以及砷等对农产品质量安全影响很大，已经成为我国农产品安全的主要隐患。合格农产品生产对产地环境土壤质量有严格的要求，其主要污染物指标应符合表 4-4 的规定。

表 4-4 农用地土壤污染风险筛选值

序号	污染物项目		风险筛选值/(mg/kg)			
			pH≤5.5	5.5<pH≤6.5	6.5<pH≤7.5	pH>7.5
1	镉	水田	0.3	0.4	0.6	0.8
		其他	0.3	0.3	0.3	0.6
2	汞	水田	0.5	0.5	0.6	1.0
		其他	1.3	1.8	2.4	3.4
3	砷	水田	30	30	25	20
		其他	40	40	30	25
4	铅	水田	80	100	140	240
		其他	70	90	120	170
5	铬	水田	250	250	300	350
		其他	150	150	200	250
6	铜	果园	150	150	200	200
		其他	50	50	100	100
7	镍		60	70	100	190

（续）

序号	污染物项目	风险筛选值/（mg/kg）			
		pH≤5.5	5.5<pH≤6.5	6.5<pH≤7.5	pH>7.5
8	锌	200	200	250	300
9	六六六总量	0.10			
10	滴滴涕总量	0.10			
11	苯并［a］芘	0.55			

注：1. 重金属和类金属砷均按元素总量计。

2. 对于水旱轮作地，采用其中较严格的风险筛选值。

3. 六六六总量为α-六六六、β-六六六、γ-六六六、δ-六六六四种异构体的含量总和。

4. 滴滴涕总量为p，p′-滴滴伊、p，p′-滴滴滴、o，p′-滴滴涕、p，p′-滴滴涕四种衍生物的含量总和。

资料来源：GB 15618—2018。

土壤上述污染物主要来源于上游灌溉水源，开采矿山水土流入，也会随施肥将重金属带入，同时大量施肥还会导致土壤理化结构变化，一些有害金属由络合物状态变为自由状态而被作物吸收利用，导致农产品重金属超标。因此，安全农产品产地应避开矿山和上游水污染区域。

二、畜禽养殖业产地环境

畜禽养殖对场地的选择除地势开阔、背风向阳外，场地生态环境、养殖用水水源和空气质量都有严格要求，是场地选择的主要依据。根据农业农村部发布的《畜禽场环境质量标准》（NY/T 388），畜禽养殖场地的环境标准包括：

（一）空气环境质量

环境空气质量是畜禽产品安全生产的重要条件，环境空气不仅为畜禽养殖提供必要的氧气代谢，空气中的其他物质也参与了生产循环，必然对畜禽产品安全产生重要影响。《畜禽场环境质量标准》（NY/T 388）对养殖场地环境空气中氨气、硫化氢、二氧化碳、尘埃（PM_{10}）、总悬浮颗粒物（TSP）和恶臭等做了严格规定，具体见表4-5。

表4-5　畜禽场空气环境质量

项目	单位	缓冲区	场区	舍区			
				禽舍		猪舍	牛舍
				雏	成		
氨气	mg/m^3	2	5	10	15	25	20
硫化氢	mg/m^3	1	2	2	10	10	8
二氧化碳	mg/m^3	380	750	1 500		1 500	1 500
PM_{10}	mg/m^3	0.5	1	4		1	2
TSP	mg/m^3	1	2	8		3	4
恶臭	稀释倍数	40	50	70		70	70

注：表中数据均为日均值。

资料来源：NY/T 388—1999。

与种植业产地空气质量相同，畜禽场地空气主要受周边空气质量的影响，因此，畜禽养殖场地应选择在离城区和大型工厂较远的区域，以减少受城市和工厂空气排放的影响。

（二）生态环境质量

畜禽养殖场舍区是指畜禽所处的半封闭的生活区域，即畜禽直接的生活环境区，其生态环境是畜禽生存的基础，直接关系畜禽产品的质量安全，农业农村部发布的《畜禽场环境质量标准》（NY/T 388）对养殖场地舍区生态环境质量中温度、相对湿度、风速、照度、细菌、噪声、粪便含水率和粪便清理等做了规定（表 4－6）。

表 4－6　舍区生态环境质量

项目	单位	禽		猪		牛
		雏	成	仔	成	
温度	℃	21～27	10～24	27～32	11～17	10～15
湿度（相对）	%	75		80		80
风速	m/s	0.5	0.8	0.4	1.0	1.0
照度	lx	50	30	50	30	50
细菌	个/m³	25 000		17 000		20 000
噪声	dB	60	80	80		75
粪便含水率	%	65～75		70～80		65～75
粪便清理	—	干法		日清粪		日清粪

资料来源：NY/T 388—1999。

（三）饮用水质量

畜禽养殖用水是与饲料同等重要的投入物资，水质安全是畜禽产品安全生产最重要的保障之一。由于畜禽养殖一般远离城市，养殖用水难以通过城市统一供水解决，主要利用养殖场周边水源。因此，养殖场地应选择水源丰富、水源地保护较好的区域。按照《畜禽场环境质量标准》（NY/T 388—1999），畜禽养殖用水必须满足表 4－7 规定的标准。

表 4－7　畜禽饮用水质量标准

项目	单位	自备井	地面水	自来水
大肠菌群	个/L	3	3	
细菌总数	个/L	100	200	
pH	—	5.5～8.5		
总硬度	mg/L	600		
溶解性总固体	mg/L	2 000[a]		
铅	mg/L	Ⅳ类地下水标准	Ⅳ类地面水标准	饮用水标准
铬（六价）	mg/L	Ⅳ类地下水标准	Ⅳ类地面水标准	饮用水标准

注：a. 甘肃、青海、新疆和沿海、岛屿地区可放宽到 3 000 mg/L。

资料来源：NY/T 388—1999。

另外，畜禽养殖场地选择还应当考虑创建能保持畜禽健康、快乐的自然生活条件，饲养场地应保证动物能呼吸到大量的新鲜空气，能得到充足的阳光照射，能达到动物生长发育所要求的适宜地点、气候及其他环境要求。

三、水产养殖产地环境

我国水产养殖分为淡水养殖和海水养殖。淡水养殖是指在内陆地区的湖泊、水库、池塘、河流等淡水水体中养殖水产品的一种养殖方法；海水养殖是指在近海区域利用海水养殖水产品的一种养殖方法。

水产养殖产品生产最重要的场地选择是水质选择，必须选择水源地保护较好、水质达标的自然水体，或地下水丰富、水质优良的池塘。根据规定，淡水养殖用水质量必须满足《无公害农产品　淡水养殖产地环境条件》（NY/T 5361—2016）有关要求（表 4－8 和表 4－9），海水养殖水质必须满足《无公害食品　海水养殖产地环境条件》（NY 5362—2016）有关要求（表 4－10 和表 4－11）。

表 4－8　淡水养殖用水水质要求

项　　目	单　　位	限量值
总大肠菌群	个/L	≤5 000
总汞	mg/L	≤0.000 1
镉	mg/L	≤0.005
铅	mg/L	≤0.05
铬（六价）	mg/L	≤0.05
砷	mg/L	≤0.05
石油类	mg/L	≤0.05
挥发酚	mg/L	≤0.005
五氯酚钠	mg/L	≤0.01
甲基对硫磷	mg/L	≤0.000 5
乐果	mg/L	≤0.1
呋喃丹	mg/L	≤0.01

资料来源：NY/T 5361—2016。

表 4－9　淡水底栖类水产养殖产地底质要求

项　　目	限量值（以干重计），mg/kg
总汞	≤0.2
镉	≤0.5
铅	≤60
铬	≤80
砷	≤20
滴滴涕[a]	≤0.02

注：a. 为四种衍生物（p,p′－DDE、o,p′－DDT、p,p′－DDD 和 p,p′－DDT）的总量。

资料来源：NY/T 5361—2016。

表 4-10 海水养殖用水水质要求

项　　目	限量值
色、臭、味	不得有异色、异臭、异味
粪大肠菌群，MPN/L	≤2 000（供人生食的贝类养殖水质≤140）
汞，mg/L	≤0.000 2
镉，mg/L	≤0.005
铅，mg/L	≤0.05
总铬，mg/L	≤0.1
砷，mg/L	≤0.03
氰化物，mg/L	≤0.005
挥发性酚，mg/L	≤0.005
石油类，mg/L	≤0.05
甲基对硫磷，mg/L	≤0.000 5
乐果，mg/L	≤0.1

资料来源：NY 5362—2010。

表 4-11 海水养殖底质要求

项　　目	限量值
粪大肠菌群，MPN/g（湿重）	≤40（供人生食的贝类增养殖底质≤3）
汞，mg/kg（干重）	≤0.2
镉，mg/kg（干重）	≤0.5
铜，mg/kg（干重）	≤35
铅，mg/kg（干重）	≤60
铬，mg/kg（干重）	≤80
砷，mg/kg（干重）	≤20
石油类，mg/kg（干重）	≤500
多氯联苯（PCB28、PCB52、PCB101、PCB118、PCB138、PCB153、PCB180）总量，mg/kg（干重）	≤0.02

资料来源：NY 5362—2010。

第二节　农产品初加工场地选择

农产品初加工是指以减少损失为目的，在产地对供使用或出售的农产品进行不改变其内在成分的加工过程。农产品初加工过程也是农产品安全生产的重要组成部分。初加工场地环境和加工过程对农产品质量安全都会产生重要影响。但农产品初加工场地环境是保障农产品安全至关重要的因素，一旦场地选择不当，往往无法补救。农产品初加工安全生产场地选择涉及环境空气质量、加工用水质量、周围近距离化学、生物、重金属污染源等多个因素，还应考虑城乡规划布局、交通、能源、地质、废弃物排放及处理等。因此，农产品初加工场地选择应满足并考虑以下环境要求和条件。

一、环境空气质量

农产品在存放、加工过程中与环境空气广泛接触，合格的环境空气质量是农产品初加工安全生产的重要保证。根据《环境空气质量标准》（GB 3095）二级质量标准的规定，场地环境空气质量应符合表 4－1 和表 4－2 的要求，与产地环境空气质量相同。

二、加工用水水源及质量

水是农产品加工的重要媒介或加工产品的组成部分，水质安全直接关系到农产品加工的安全。由于场地环境用水来源于上游水源地和地下水。因此，要求场地选择在水源地保护比较好和地下水水质达标的区域，并有充足的水源保证。同时，加工用水水质应符合《生活饮用水卫生标准》（GB 5749）要求，保证用水安全，水中不得含有病原微生物，水中化学物质不得危害人体健康，水中放射性物质不得危害人体健康，加工用水的感官性状良好，应经消毒处理，具体见表 4－12。

表 4－12　水质常规指标及限值

指　　标	限　　值
1. 微生物指标[a]	
总大肠菌群/（MPN/100 mL 或 CFU/100 mL）	不得检出
耐热大肠菌群/（MPN/100 mL 或 CFU/100 mL）	不得检出
大肠埃希氏菌/（MPN/100 mL 或 CFU/100 mL）	不得检出
菌落总数/（CFU/100 mL）	100
2. 毒理指标	
砷/（mg/L）	0.01
镉/（mg/L）	0.005
铬（六价）/（mg/L）	0.05
铅/（mg/L）	0.01
汞/（mg/L）	0.001
硒/（mg/L）	0.01
氰化物/（mg/L）	0.05
氟化物/（mg/L）	1.0
硝酸盐（以 N 计）/（mg/L）	10 地下水源限制时为 20
三氯甲烷/（mg/L）	0.06
四氯化碳/（mg/L）	0.002

（续）

指　　标	限　　值
溴酸盐（使用臭氧时）/(mg/L)	0.01
甲醛（使用臭氧时）/(mg/L)	0.9
亚氯酸盐（使用二氧化氯消毒时）/(mg/L)	0.7
氯酸盐（使用复合二氧化氯消毒时）/(mg/L)	0.7
3. 感官性状和一般化学指标	
色度（铂钴色度单位）	15
浑浊度（散射浑浊度单位）/NTU	1 水源与净水技术条件限制时为 3
臭和味	无异臭、异味
肉眼可见物	无
pH	不小于 6.5 且不大于 8.5
铝/(mg/L)	0.2
铁/(mg/L)	0.3
锰/(mg/L)	0.1
铜/(mg/L)	1
锌/(mg/L)	1
氯化物/(mg/L)	250
硫酸盐/(mg/L)	250
溶解性总固体/(mg/L)	1 000
总硬度（以 $CaCO_3$ 计）/(mg/L)	450
耗氧量（COD_{Mn}法，以 O_2 计）/(mg/L)	3 水源限制，原水耗氧量>6 mg/L 时为 5
挥发酚类（以苯酚计）/(mg/L)	0.002
阴离子合成洗涤剂/(mg/L)	0.3
4. 放射性指标[b]	
总 α 放射性/(Bq/L)	0.5（指导值）
总 β 放射性/(Bq/L)	1.0（指导值）

注：a. MPN 表示最可能数；CFU 表示菌落形成单位。当水样检出总大肠菌群时，应进一步检验大肠埃希氏菌或耐热大肠菌群；水样未检出总大肠菌群，不必检验大肠埃希氏菌或耐热大肠菌群。

b. 放射性指标超过指导值，应进行核素分析和评价，判定能否饮用。

资料来源：GB 5749—2006。

三、场址近距离无重要污染源

（一）场址近距离无重要污染源

重要污染源主要指重工业、生物化学试验及生活、垃圾处理场等对周围环境影响比较大的企业或场地。这些污染源的废水废气排放不仅平时容易对周边空气、水源造成一定程度的污染，在出现故障时可能会造成灾难性的重大污染事故。因此，农产品初加工场地应尽量避开上述重要污染源。一般要求加工场地距离重要污染源至少 3 km 以上，且地势高于污染源，污染源自然排水不得经过加工场地附近，加工场地与污染源为东西相距，避免南北季风造成空气污染。加工场地与污染源之间有较为茂密的绿化林带，不得使用同一交通道路。

（二）远离城区

农产品初加工场地应尽量选择距离城市较远的区域。一般而言，由于城市人口密集，工厂集中，车辆多，废水废气产生量大，必然对城市周边环境产生一定程度的污染，特别是空气污染在所难免。同时，农产品初加工场地相对于城市也是一个污染源，其加工过程产生的废水、废物、废气都可能对城市造成污染，加重城市环境负担。因此，农产品初加工场地应远离城市特别是大中城市。

四、其他要求

农产品初加工场地应当选择交通便利，距产地较近的区域，以降低运输成本。大型加工厂还应考虑地质结构的稳定性，场地不得选择在近河道、湖泊等易于被淹的低洼地带，距离高山陡坡较远，以防止滑坡或泥石流。场地选择还应考虑废弃物处理便利，以减少对环境的污染。有条件的地方应当建立农产品集中加工园区，以便对废弃物进行集中处理。

第三节　种植业安全生产技术

种植业生产安全一般指大宗农产品如水稻、小麦、油菜、玉米、花生以及蔬菜、水果的生产安全，其安全生产技术涉及肥料和农药的选择、使用方法以及病虫草害的综合防控等。

一、肥料安全使用技术

（一）种植业安全生产的肥料选择与使用原则

肥料是指用于提供、保持或改善植物营养和土壤物理、化学性能以及生物活性，能提高农产品产量，改善农产品品质，或增强植物抗逆性的有机、无机、微生物及其混合物料，是种植业安全生产的基础，肥料中含有重金属或有机污染物等污染物质，均会使农产品品质下降，进而影响人体健康。因此，应根据种植业安全生产的需要对肥料进行筛选使用。

1. 种植业安全生产中允许使用的肥料种类　肥料的种类很多，按照我国农产品生产的相关标准，将肥料分成农家肥料、商品肥料和其他肥料 3 大类（如表 4－13）。

表 4-13　种植业安全生产中允许使用的肥料种类

肥料分类	肥料种类
农家肥料	1. 堆肥　指以各类秸秆、落叶、山青、湖草、人畜粪便为原料，与少量泥土混合堆积腐熟而成的一种有机肥。
	2. 沤肥　所用物料与堆肥基本相同，只是在嫌气条件下沤制而成。
	3. 厩肥　指猪、牛、羊、鸡、鸭等畜禽的粪尿与秸秆垫料堆制成的肥料。
	4. 沼气肥　指将作物秸秆与粪尿在密闭的嫌气条件下发酵制取沼气后沤制而成的有机肥。
	5. 绿肥　指以植物的绿色部分耕翻入土当作肥料，主要分为豆科和非豆科两大类。
	6. 作物秸秆肥　指以作物的秸秆麦秸、稻草、玉米秸、豆秸、油菜秸等为原料，直接翻入土中作为后茬作物基肥，为作物所吸收利用的肥料。
	7. 泥肥　指以未经污染的河泥、塘泥、沟泥、港泥、湖泥等经嫌气微生物分解而成的肥料。
	8. 饼肥　指以油料作物籽实榨去油后剩余残渣制成的肥料，如菜籽饼、棉籽饼、豆饼、芝麻饼、蓖麻饼等。
商品肥料	1. 有机肥料　有机肥料指来源于植物或动植物残体经发酵腐熟后，施于土壤以提供植物养分为其主要功效的含碳物料。
	2. 腐殖酸类肥料　指由动植物残体经过微生物分解、转化及地球化学作用等系列过程形成，从泥炭、褐煤、风化煤等提取的，含苯核、羧基、酚羧基等无定形高分子化合物的混合物料。
	3. 微生物肥料　指应用于农业生产中，能够获得特定肥料效应的含有特定微生物活体的制品，这种效应不仅包括了土壤、环境及植物营养元素的供应，还包括了其所产生的代谢产物对作物的有益作用。
	4. 有机—无机复混肥料　指含有一定量有机肥料的复混肥料。
	5. 无机肥料　指标明养分呈无机盐形式的肥料，由提取、物理或化学等工业方式制成。
	6. 叶面肥料　指喷施于植物叶片并能被其吸收利用的肥料。
其他肥料	其他肥料　包括可以用作肥料不含合成添加剂的食品、纺织工业的有机副产品，以及不含防腐剂的鱼渣、牛羊毛废料、骨粉、氨基酸残渣、骨胶废渣、家畜加工废料、糖厂废料等有机物制成的废料。

资料来源：吴秀敏等，2019。

（1）农家肥料。农家肥料指农家就地取材、自制的各种肥料。包括堆沤肥、粪尿肥、土杂肥、厩肥、沼气肥、绿肥、作物秸秆肥、泥肥、饼肥等。

（2）商品肥料。商品肥料就是按国家法规规定，以商品形式出售的肥料。包含商业有机肥料、腐殖酸类肥料、微生物肥料、有机复合肥、无机肥料、叶面肥料等。

（3）其他肥料。其他肥料包括可以用作肥料不含合成添加剂的食品、纺织工业的有机副产品，以及不含防腐剂的鱼渣、牛羊毛废料、骨粉、氨基酸残渣、骨胶废渣、家畜加工废料、糖厂废料等有机物制成的废料。

2. 种植业安全生产肥料使用原则　为了促进农作物生长发育及其品质提高，兼顾保护生态环境，防止重金属、生物毒素、致病微生物等风险因子影响人体健康，种植业安全生产肥料使用时应在养分需求与供应平衡的基础上，坚持有机肥料与无机肥料相结合；坚持大量元素与中量元素、微量元素相结合；坚持基肥与追肥相结合；坚持施肥与其他措施相结合。种植业安全生产肥料具体使用原则如下：

（1）种植业安全生产中肥料的使用应按照《肥料合理使用准则　通则》（NY/T 496—2002）的相关要求，根据土壤性状、植物营养特性、肥料性质、目标产量等具体情况，采用适宜、有效的施肥技术，平衡施肥或测土配方施肥。小麦、玉米和水稻大宗农产品可参考《农业部办公厅关于印发〈小麦、玉米、水稻三大粮食作物区域大配方与施肥建议（2013）〉的通知》（农办农〔2013〕45 号）的要求，防止肥料过量使用对周边环境造成污染。

（2）坚持有机肥料与无机肥料相结合、大量元素与中微量元素相结合、基肥与追肥相结合、施肥与其他措施相结合的施肥原则。

（3）肥料使用前，宜对有机肥料的来源、潜在危害进行分析，如致病微生物、重金属含量、堆肥方式、杂草种子含量等。不应将人类生活的污水淤泥和城市垃圾等废弃物作为有机肥料使用。

（4）酸性土壤地区应避免长期使用酸性肥料。

（5）建立并保留施肥记录。记录内容应至少包括以下信息；肥料产品名称和有效成分含量、施肥地点、施肥日期、施肥量、施肥方法、施肥人员姓名等。

（二）种植业安全生产合理施肥技术

1. 施肥目标　合理施肥应实现高产、优质、高效、改土培肥、保证农产品质量安全和保护生态环境等目标。

2. 施肥原理

（1）矿质营养理论。植物生长发育需要碳、氢、氧、氮、磷、钾、钙、镁、硫、铁、锰、铜、锌、硼、钼、氯、镍 17 种必需营养元素和一些有益元素。碳、氢、氧主要来自空气和水，其他营养元素主要以矿物形态从土壤中吸收。每种必需元素均有其特定的生理功能，相互之间同等重要、不可替代。有益元素也能对某些植物生长发育起到促进作用。

（2）养分归还学说。植物收获从土壤中带走大量养分，使土壤中的养分越来越少，地力逐渐下降。为了维持地力和提高产量，应将植物带走的养分适当归还土壤。

（3）最小养分律。植物对必需营养元素的需要量有多有少，决定产量的是相对于植物需要、土壤中含量最少的有效养分。只有有针对性地补充最小养分才能获得高产。最小养分随产量和施肥水平等条件的改变而变化。

（4）报酬递减律。在其他技术条件相对稳定的条件下，在一定施肥量范围内，产量随着施肥量的逐渐增加而增加，但单位施肥量的增产量却呈递减趋势。施肥量超过一定限度后将不再增产，甚至造成减产。

（5）因子综合作用律。植物生长受水分、养分、光照、温度、空气、品种以及土壤、耕作条件等多种因子制约，施肥仅是实现增产的措施之一，应与其他增产措施结合才能取得更好的效果。

3. 施肥依据

（1）植物营养特性。不同植物种类、品种，同一植物品种不同生育期、不同产量水平对养分需求数量和比例不同；不同植物对养分种类的反应不同；不同植物对养分吸收利用的能力不同。

（2）土壤性状。土壤类型、土壤物理、化学和生物性状等因素影响土壤保肥和供肥能力，从而影响肥料效应。

（3）肥料性质。不同肥料种类和品种的特性，决定该肥料适宜的土壤类型、植物种类和施用方法。

（4）其他条件。合理施肥还应考虑气候、灌溉、耕作、栽培、植物生长状况等其他条件。

4. 合理施肥技术

（1）平衡施肥技术。

Ⅰ理论基础：平衡施肥的理论基础主要包括德国化学家李比希提出的养分归还（补偿）学说和最小养分律、米采利希的肥料效应报酬递减律、因子综合作用（如水分、养料、光照、温度、空气、品种和耕作制度等）定律，因此，平衡施肥技术定义为：根据作物需肥规律、土壤供肥性能与肥料效应，在以有机肥为基础的条件下，提出氮、磷、钾和微肥的适宜用量和比例，以及相应的施肥技术。

Ⅱ平衡施肥的方法：就国内外推行的平衡施肥或推荐施肥诸法的科学基础而论，一般包括肥料效应函数法、测土施肥法和农作物营养诊断施肥法等三大方法。

① 肥料效应函数法是建立在肥料田间试验和生物统计基础上的方法。将农作物产量视为肥料的生产函数，在有代表性的地块上设置一元、二元或多元肥料效应试验，获得与各施肥量（或组合）相应的农作物产量，用回归统计方法配置出一元二次、二元二次或多元二次肥料回归方程式，然后用导数法算出最高产量施肥量、最佳施肥量和最大利润率施肥量等配方施肥参数。肥料效应函数法主要是起着肥料宏观调控的功能，或对区域性施肥起决策作用。

② 测土施肥法是在土壤肥力化学基础上发展起来的平衡施肥技术。通过对土壤有效养分的测定，判定地块养分丰缺程度，提出施肥建议。这一系统的方法在国内外应用最为广泛。建立在相关—校验研究基础上的测土施肥参数和指标，就可用于施肥，实践简易、快速、价廉是其特点。其与效应函数法的最大区别在于它可以年年进行，并可服务到每一地块，起到了配方施肥中的微观指导功能。测土施肥法同样有自身的不足，有效养分肥力指标值因测定方法不同而异，土类间、作物种类间的肥力指标无可比性，因此，该方法不具备宏观调控功能。

③ 农作物营养诊断施肥法是建立在植物营养化学基础上的施肥技术。因为判定土壤基质中营养物质丰缺与否，最准确的指标应该是农作物本身的反应。由此发展起来的植株组织液速测和植株组织全量养分临界值诊断技术指标，就可作为是否需要施肥的依据。农作物营养诊断法指导施肥属定性水平，或者只能告诉人们各种肥料的施用次序。肥料效应函数法和测土施肥法只是在农作物产前定肥定量的方法。这种“一定终身”往往因农作物生育期天气变幻而使预测结果不准。在植物产品安全生产中，如何对农作物随时监测其需肥程度，将已定的肥量施用得更合理，这就必须借助于营养诊断法。由此可见，“产前定肥”与“产中调肥”结合是平衡施肥中两个密切关联的技术环节。

（2）综合植物养分管理系统。

Ⅰ养分资源综合管理的理论和原则：

① 养分资源管理的基本理论。植物生产中的养分都具有资源属性，因此，把植物-动物生产系统中，土壤、肥料和环境中各种来源的养分统称为养分资源，养分资源管理的基本理论含义：a. 视植物-动物生产过程为一个系统，将土壤、肥料和环境所提供的养分均作为养分资源；b. 将系统中养分的投入与产出的平衡、提高养分循环与利用的强度作为养分资源综合管理的核心，根据不同营养元素的土壤、肥料效应的时空变异特点，采用实时监测方法进行不同的施肥调控；c. 施肥是农田养分调控的主要手段，但调控目标不仅是作物的优质高产，还有优化农业生态系统中物质和能量的循环，协调优质高产、土壤肥力和良性生态环境之间的辩证关系，保证农业的可持续发展；d. 农田养分管理是养分资源综合管理的一个环节。将改进施肥技术与挖掘植物高效利用养分的生物学途径相结合，将科学施肥与优化耕作栽培管理相结合是农田养分管理的两个主要方面。

② 养分资源综合管理的技术原则。养分资源综合管理涉及生态系统食物链的各个环节，它包括4个方面：a. 农田养分和肥料效应时空变异的监测和施肥调控；b. 提高养分利用效率的生物学途径；c. 施肥技术与其他农学措施的结合；d. 养分收支平衡的环境量化评估。其中，以农田养分变异的实时监测和施肥调控最为重要。

Ⅱ农田养分施肥调控技术模式：技术模式是合理施肥必须遵循的技术框架。它与平衡施肥的基本原则一致，但其不限于一个生长季或一个田块的肥料养分配比，而是以养分资源为出发，针对不同营养元素的土壤和肥料效应的时空变异规律，将土壤养分的供应持续调控在作物所需要的适宜水平。氮磷钾和微量元素等肥料的施肥原则可以概括为："调控施用氮肥，监控施用磷钾肥，矫正施用中、微量元素肥料，配合施用有机肥"。

① 调控施用氮肥。氮肥效应的时空变异具有总体稳定性和局部变异性。稳定性是指在一定农业生态条件下和时空范围内，土壤氮水平、氮肥效应及氮肥施用量是相对稳定的；变异性主要表现在氮肥在土壤中的残效较小，土壤游离氮的形态和含量变异较大，作物对过量施氮的反应较磷、钾更为敏感，由氮在生态系统中的活跃性所决定，氮肥施用不当对大气、水等造成的损失较大。据此，在一定条件下可将氮肥施用量控制在作物达到最适产量和品质目标要求的范围内，以此为基础，通过土壤、植物测试确定具体田块或作物的推荐施肥量。

② 监控施用磷钾肥。土壤的磷钾养分和肥料效应具有累积性和连续变异的特点，变异的程度和方向是土壤养分和肥料效应之间动态平衡的结果。中、长期肥料定位试验证明，可以将获得作物持续较高产量并维持土壤有效磷钾不低于或在临界值的施肥量为合理施肥量。既可保持施肥量的相对稳定，又可节约用量，采用定期监测土壤有效磷钾养分和年度间产量变化趋势的方法，决策推荐施肥量。

③ 矫正施用中、微量元素肥料。并非所有土壤和作物都需要施用中、微量元素肥料。看缺素与否，借助于土壤测试或植株诊断等方法确定。综合考虑作物产量、氮磷钾肥施用量和土壤母质等因素。施用不当，对不缺素的土壤或作物会产生危害。

④ 配合施用有机肥。有机肥和化肥各有优缺点，二者应配合施用。适量有机肥的作用是培肥土壤和稳定产量。尤其是在障碍性逆境土壤条件下，如盐渍化，质地过黏、过沙

或遇到灾害性天气等。从宏观管理看，重视施用人、畜粪尿对土壤磷的归还作用，重视秸秆还田对土壤钾的归还作用，施用半腐熟有机肥对设施条件下土壤的改良作用。从养分资源综合管理的角度出发，施用有机肥后化肥的用量必须相应地降低，长期适量施用有机肥的供养作用是不可忽视的。

（3）养分资源宏观管理。养分资源综合管理的理论认为，农业生态系统的养分循环存在着农田养分平衡和系统养分平衡两个相互制约的平衡关系，后者具有时空变异的特点，与养分资源宏观管理的关系更为密切。以我国为例，其时间变异主要表现为新中国成立后全国土壤养分、肥料效应、肥料养分结构（有机肥与化肥比例，氮磷钾比例等）的变化和肥料进出口战略等；空间变异主要表现为全国土壤养分区域变化、肥料的作物结构和区域分配等。这些是养分资源管理的主要内容，也是主要依据。由于农田和系统养分平衡存在相互制约关系，研究养分资源的科学管理必须以农田养分管理为基础，鉴于我国农业生产的所有制和组织形式，今后要特别注重对农户一级养分资源管理的调研。

5. 施肥评价指标

（1）增产率。合理施肥产量与常规施肥或无肥区产量的差值占常规施肥或无肥区产量的百分数。

（2）肥料利用率（养分回收率）。指施用的肥料养分被作物吸收的百分数，是评价肥料施用效果的一个重要指标。肥料利用率包括当季利用率和累积利用率。氮肥常用的是当季利用率，磷肥由于有后效，常用累积（叠加）利用率。

（3）肥料农学效率。指特定施肥条件下，单位施肥量所增加的作物经济产量，是施肥增产效应的综合体现。

（4）施肥经济效益。

① 纯收益。纯收益是指施肥增加的产值与施肥成本的差值，正值表示施肥获得了经济效益，数额越大，获利愈多。

② 投入产出比。投入产出比简称投产比，是施肥成本与施肥增加产值之比。

二、农药安全使用技术

（一）农药安全使用的原则和要求

农药安全使用是农产品安全生产的重要环节，不仅直接关系到当季农产品的品质安全，还会对环境土壤、水分和生态产生直接或间接影响，给下一季农产品安全生产带来安全隐患，因此，科学合理使用农药是农产品安全生产的基本要求，应当遵循对症下药、适期施药、合理用药、轮换用药的原则和要求。

1. 根据测报和防治指标确定用药 一般情况下，除了一些外来入侵的检疫性病虫草害外，少量病虫草害的发生对作物生产不会造成经济损失，而且常常有利于生物多样性的保持。为了避免不必要的用药，对于大多数植物害虫，都应当根据“防治指标”（或称“经济阈值”）或测报来考虑是否用药。杀菌剂需要根据病害的严重度预报和当地的历年经验或发病条件的分析确定是否使用。

2. 适时用药 在不同的时间使用农药对病虫草害的防治效果，对作物及其周围环境的影响都会有非常显著的差异。选择一个最适的用药时间对于提高防效、减少不利影响是非常重要的。通常，毒杀作用的杀虫剂以对幼（若）虫的初龄期最为有效，性引诱剂作用于性成熟的成虫，拒食作用的杀虫剂主要作用于害虫的取食阶段，驱避作用的杀虫剂主要作用于害虫的取食和产卵期。杀菌剂在病菌侵入作物组织之前施药才会起到良好的防治效果，应在发病初期或将要发病时施用。如果作物不同生育期的感病性有显著差异，也可在感病生育期到来时开始施药。除草剂要根据药剂本身的性质、作物种类及生育期和主要杂草的生育期确定其对杂草效果，对作物安全的施药时期。

3. 选择低毒对症农药 农药的品种很多，各种药剂的理化性质、生物活性、防治对象等各不相同，某种农药只对某些甚至某种对象有效，当一种防治对象有多种农药可供选择时，应选择对主要防治对象效果好、对人畜和环境生物毒性低、对作物安全和经济上可以接受的农药品种。通常应在农药合理使用准则和农药登记资料规定的使用范围内，根据当地的使用经验选择，任何农药产品都不得超出农药登记批准的使用范围使用。

4. 采用恰当的用药方法 农药的施用方法应根据病虫草害的危害方式、发生部位和农药的特性来选择。在作物地上部表面危害的，一般可采用喷雾、喷粉的方法；对土壤传播的病虫害，可采用土壤处理的方法；对通过种苗传播的病虫害，可采用种苗处理的方法；一些内吸性好的药剂在用于防治果树等木本植物病虫害时可采用注射或包扎的方法等。

5. 适量用药 农药要有一定的用量（或浓度）才会有满意的效果，但并不是用量越大越好。达到一定用量后，再增加用量，不仅不会提高防效，还会杀伤害虫天敌、增加农产品和环境中农药残留量。同一种农药，其适宜用量可因不同的防治对象而有不同，对同一个防治对象，在不同的季节或不同的发育阶段，农药的适宜用量也可能不同。通常应在农药合理使用准则和农药登记资料规定的用量（或浓度）范围内，根据当地的使用经验掌握用量。

6. 控制使用次数和安全间隔期

应根据《农药合理使用准则》(GB/T 8321) 和该农药品种登记时规定的使用规范控制农药的使用次数和安全间隔期，尽量不要连续多次使用同一种农药。

（二）禁止（停止）使用的农药

禁止使用的化学农药，是指从已经使用的农药中，筛选出危害性大的有毒污染物作为控制对象，提出一份“黑名单”或“灰名单”，或称为优先污染物。优先污染物一般难以降解，在环境中有一定残留水平、出现频率较高，具有生物积累性、毒性较大等特点。禁止使用的农药适用于所有的作物。

我国首批确定 46 种化学污染物为优先污染物，有卤代烃、苯系物、氯代苯类、多氯联苯类、酚类、硝基苯类、苯胺类、多环芳烃、酞酸酯类、丙烯腈、亚硝胺类、氰化物、重金属及其化合物。涉及的农药有百草枯、滴滴涕、六六六、除草醚、杀虫脒、敌敌畏、对硫磷、狄氏剂、艾氏剂、硫丹等。目前，美国已公布 129 种禁止（停止）使用的农药，德国已公布 120 种。

优先污染物具有生物积累性，有致癌、致畸、致突变性，有较高毒性，对人体和生态环境构成潜在的威胁。在合格农产品生产中，禁止使用的农药更应严格禁止使用。禁止（停止）使用的农药名单见表 4-14。

表 4-14　禁止（停止）使用的农药

六六六、滴滴涕、毒杀芬、二溴氯丙烷、杀虫脒、二溴乙烷、除草醚、艾氏剂、狄氏剂、汞制剂、砷类、铅类、敌枯双、氟乙酰胺、甘氟、毒鼠强、氟乙酸钠、毒鼠硅、甲胺磷、对硫磷、甲基对硫磷、久效磷、磷胺、苯线磷、地虫硫磷、甲基硫环磷、磷化钙、磷化镁、磷化锌、硫线磷、蝇毒磷、治螟磷、特丁硫磷、氯磺隆、胺苯磺隆、甲磺隆、福美胂、福美甲胂、三氯杀螨醇、林丹、硫丹、溴甲烷、氟虫胺、杀扑磷、百草枯、2,4-D丁酯

注：2,4-D丁酯自2023年1月29日起禁止使用。溴甲烷可用于“检疫熏蒸处理”。杀扑磷已无制剂登记。

资料来源：农业农村部网站，http://www.moa.gov.cn/xw/bmdt/201911/t20191129_6332604.htm。

（三）部分范围禁止使用的农药

限制使用的农药是指根据作物种类、安全程度要求，对某些农药的使用范围作一定限制的一类农药，如溴氰菊酯、三氯杀螨醇因为欧盟对进口茶叶标准的提高而限制或者禁止使用。限制使用的农药见表4-15。

表 4-15　在部分范围禁止使用的农药

通用名	禁止使用范围
甲拌磷、甲基异柳磷、克百威、水胺硫磷、氧乐果、灭多威、涕灭威、灭线磷	禁止在蔬菜、瓜果、茶叶、菌类、中草药材上使用，禁止用于防治卫生害虫，禁止用于水生植物的病虫害防治
甲拌磷、甲基异柳磷、克百威	禁止在甘蔗作物上使用
内吸磷、硫环磷、氯唑磷	禁止在蔬菜、瓜果、茶叶、中草药材上使用
乙酰甲胺磷、丁硫克百威、乐果	禁止在蔬菜、瓜果、茶叶、菌类和中草药材上使用
毒死蜱、三唑磷	禁止在蔬菜上使用
丁酰肼（比久）	禁止在花生上使用
氰戊菊酯	禁止在茶叶上使用
氟虫腈	禁止在所有农作物上使用（玉米等部分旱田种子包衣除外）
氟苯虫酰胺	禁止在水稻上使用

资料来源：农业农村部网站，http://www.moa.gov.cn/xw/bmdt/201911/t20191129_6332604.htm。

（四）重点推荐使用的农药

在实际生产中，应重点使用高效、低毒、低残留、环境友好型农药产品，这类农药品种繁多，有植物源农药、化学合成农药、生物农药、昆虫生长调节剂等。包括杀虫（杀螨）剂、杀菌剂和除草剂等，但对人体和生态环境基本上不构成潜在的威胁。

1. 杀虫、杀螨剂

（1）杀虫剂。苏云金杆菌、印楝素、苦参碱、金龟子绿僵菌、短稳杆菌、氯虫苯甲酰胺、噻虫嗪、吡蚜酮、吡虫啉、氟吡呋喃酮、氟啶虫胺腈、乙基多杀菌素、阿维菌素、四氯虫酰胺、氟铃脲、氯氟氰菊酯。

（2）杀螨剂。茚虫威、虱螨脲、炔螨特、四螨嗪、哒螨灵、联苯菊酯、双甲脒。

2. 杀菌剂 硫黄、嘧啶核苷类抗生素、宁南霉素、木菌素、多抗霉素、春雷霉素、咯菌腈、精甲霜灵、己唑醇、三环唑、苯丙烯菌酮、醚菊酯、吡唑醚菊酯、氟环唑、噻呋酰胺、稻瘟灵、苯醚甲环唑、嘧菌酯、肟菌酯、戊唑醇、丙环唑、井冈霉素、枯草芽孢杆菌。

3. 除草剂 氯氟吡啶酯、五氟吡啶酯、苯唑草酮、丙草胺、丁草胺、丙炔噁草酮、氟酮磺草胺、莠去津、草甘膦、草铵膦、乙氧氟草醚、2,4-D二甲胺盐。

三、农产品安全生产综合技术

（一）应用抗病品种

对许多难以运用农业措施和农药防治的病害，特别是土壤病害、病毒病害以及林木病害，应用抗病品种几乎是唯一可行的防治途径。抗病品种的防病效能很高，可以代替或减少杀菌剂的使用，避免或减轻因农药使用过度造成的残毒和环境污染。

（二）轮作间作

作物轮作间作可以有效控制病虫危害，减少病虫害防治成本和用药量，减轻农药使用对农产品和环境的污染。部分作物如花生、油菜连作会导致土壤病菌和地下害虫的积累，而间作这些病虫害大幅度减轻或基本不发生；作物间作有利于抑制有害生物的发生与流行。在切断有害生物的食物或寄主供应链，抑制有害生物数量积累的同时，还有利于作物间虫害天敌种群的相互转移，增强生态系统对有害生物的自然控制能力。

（三）控水控肥

作物施肥和水分管理对病虫害发生发展有重要影响，施肥和水分管理不当会造成严重病虫害的发生，增加防治成本和农药使用，给农产品安全带来隐患。一般来说，环境湿度大有利于病害的发生和流行，对于一些旱作物如花生、小麦、油菜应当做好排水系统，防止雨后渍害和病害；水稻群体过大会造成纹枯病的严重危害，应当提前排水控制无效分蘖，灌浆期控水有利于减轻稻飞虱和稻瘟病、稻曲病发生的危害。肥料控制重点是氮素控制，作物氮素缺乏不仅会导致品质下降，还会加重病虫危害。氮肥过量作物叶色明显过浓，易招致趋绿性害虫集聚危害。稻瘟病、稻曲病均与氮素使用存在密切关联。

（四）投放天敌

天敌即天然的仇敌，是指自然界中某种动物专门捕食或危害另一种动物，前者就是后者的天敌。如猫是鼠的天敌，寄生蜂是某些作物害虫的天敌，噬菌体是某些细菌、真菌、放线菌或螺旋体微生物等的天敌。在自然法则中，生态系统平衡的规律一直维持着生态系统的均衡发展，天敌是确保物种持续均衡发展的前提之一。除个别外来入侵生物外，国内大宗农作物主要害虫均有自然天敌。在良好的生态环境下，天敌对抑制虫害发挥了重要作用。但由于农产品生产规模比较大，生态系统比较单一，作物害虫发生危害往往具有突发性特点，自然天敌数量严重不足。这种情况下，可以通过投放人工饲养的天敌控制目标害虫。如通过投放赤眼蜂防治螟虫，投放瓢虫防治蚜虫，进行生物防治。

（五）物理、化学和生物诱杀

利用物理、化学、生物诱杀可以有效防止作物害虫发生，减少农药使用，在农产品安全生产中发挥了重要作用。如利用害虫成虫夜间的趋光特性，应用黑光灯诱杀害虫的成虫，使其不能如期产卵；利用黄板诱杀蚜虫；释放人工合成的信息素即昆虫性引诱剂，引诱同种异性昆虫前去交配以实现诱杀；利用害虫对某些植物有特别的嗜食习性，人为种植此种植物以诱杀害虫。如在玉米周围种蓖麻，可诱杀金龟甲；棉田内种植玉米可诱杀棉铃虫；水稻周围种植芝麻、香根草可诱杀螟虫等。

（六）种养结合

是将种植与养殖有机结合在一起的一种农产品安全生产方式。种养结合利用种植作物为养殖动物提供良好的生态栖息环境，养殖动物为种植作物清除环境有害生物，并提供部分有机肥料，有效减少了农作物病虫害的发生及化学肥料的投入。如，鱼稻虾共生、稻鸭共作，桑园养鸡、果园养鹅等。

第四节　畜禽养殖业安全生产技术

畜禽养殖是为人类提供动物蛋白的主要经济活动，其安全生产直接关系到人类的健康和生命安全。畜禽养殖业安全生产涉及饲料、饲料添加剂和畜禽用药三个方面。

一、饲料安全使用

（一）饲料安全使用准则

饲料是指能被畜禽等动物采食、消化、吸收和利用，且无毒性的物质，给动物提供生长以及生产过程中所必需的营养物质。合格畜禽产品生产所用饲料要求能提供饲养动物所需要的全部养分，保证饲养畜禽的健康，促进其正常生长发育，不发生有害作用的可饲物质进入畜禽饲养环节。按照饲养标准配制配合饲料，做到营养全面，各营养元素之间相互平衡。所使用的饲料和饲料添加剂等生产资料必须符合《饲料卫生标准》（GB 13078—2017）、《饲料标签》（GB 10648—2013）以及各种饲料的原料标准、饲料产品标准和饲料添加剂标准的有关规定。所用饲料添加剂和添加剂预混合饲料必须来自有生产许可证的企业，并具有企业、行业或国家标准，产品批准文号，进口饲料和饲料添加剂产品登记证及配套的质量检验手续。优先使用合格畜禽产品生产的饲料类产品，90%以上的饲料来源于已认定的合格畜禽产品及其副产品。

（二）饲料的分类及营养特点

饲料种类繁多，养分组成和营养价值差别很大。根据其来源可分为植物性、动物性、矿物质和人工合成或提纯的饲料；根据形态可分为固体、液体、粉状、颗粒以及块状等类型；根据不同的营养特点可分为粗饲料、青绿饲料、青贮饲料、能量饲料、蛋白质饲料、矿物质饲料、维生素饲料以及饲料添加剂。不同营养特点的饲料是畜禽养殖各种加工饲料的物质基础。

粗饲料以风干物为饲喂形式，如干草类、农作物秸秆等，这类饲料质地较粗硬，适口性差，消化率低，但来源广、数量大，无法为人食用，却蕴藏着巨大的潜在能量和氮源。

青贮饲料是指将新鲜的青饲料切短装入密封容器里，经过微生物发酵作用，制成一种具有特殊芳香气味、营养丰富的多汁饲料。青贮饲料比较好的保持了饲料的营养物质，价格低廉，可以调剂青绿饲料欠丰的缺点，以旺养淡，以余补缺，能更加合理利用青饲料，具有其味酸香、柔软多汁、颜色黄绿、适口性好等优点。

能量饲料主要包括谷实类、糠麸类、脱水块根、块茎产品，以及动物油脂及乳清粉等饲料。其在动物饲粮中所占比例最大，一般为50%～70%，起着为动物供能的作用。

蛋白质饲料可分为植物性蛋白质饲料、动物性蛋白饲料和非蛋白氮饲料。植物性蛋白是动物生产过程中使用量最多、最常用的一种蛋白质饲料，像豆类籽实、饼粕类、玉米蛋白粉等。动物性蛋白质饲料的蛋白质含量高，氨基酸组成比较平衡，钙、磷含量高，脂肪含量高，维生素丰富，但易氧化酸败，不易长期贮藏。非蛋白氮饲料是能够被牛羊等反刍动物所利用的一类饲料，可大大地降低饲料成本，最常用的就是尿素，但是一定要在使用过程中控制用量，否则易造成动物氨中毒。

为了更好地满足畜禽的营养需要，提高饲料利用率，降低畜禽生产成本，市售饲料一般会根据饲喂动物的种类、消化吸收特点以及当地实际等因素，科学配比各蛋白质、矿物元素、维生素等营养成分，但不同动物饲料中的营养成分比例存在差异，而饲养动物发育的不同阶段饲料的营养成分也存在差异。如猪育肥期间饲料大致可分四类：

1. 添加剂预混料 按猪需要的多种营养添加剂与载体混合后配成，其中主要成分有微量元素约11种，氨基酸约3～4种，维生素类13～14种，以及抗生素、促生长素、调味剂、酶制剂、抗氧化剂等；预混料一般分为1%的或4%的两种，也有12%的。用户买去再加蛋白饲料和能量饲料配合成全价料。预混料用量很小，配制要精细，有的元素多了还对猪体有害，所以不建议养猪户自己配制。

2. 浓缩料 浓缩料就是把预混料加上蛋白饲料，如豆粕、鱼粉混合而成，称为精料。用户加上能量饲料就可使用。

3. 全价饲料 把浓缩料加上能量饲料混合就成为全价料。现在市场上卖的浓缩料一般在料中占10%～25%，其余75%～90%为谷类，如玉米、麸皮、糠及其他可利用料。

4. 混合料 由于各地饲料来源不一样，可以因地制宜把预混料、蛋白料、谷类料加上当地的原料如酒糟、豆渣、树叶、菜瓜及土豆、地瓜等青绿料混合成料作为猪饲料。这种料适合在山区、草原地区生产使用。

反刍动物饲料主要以牧草、作物秸秆为主，也添加一些蛋白饲料，一般无须精深加工。

5. 饲料的选择 畜禽安全生产对饲料的选择在注重营养水平和营养平衡的同时，要求更加注重饲料原料的安全水平。有明确规定，禁止使用转基因方法生产的原料作饲料，禁止使用以哺乳类动物为原料的动物性饲料产品（不包括乳及乳制品）饲喂反刍动物，禁止使用工业合成的油脂，禁止使用畜禽粪便。制药工业副产品不得用于畜禽饲料。

二、畜禽饲料添加剂安全使用

饲料添加剂是指在饲料加工、制作、使用过程中添加的少量或者微量物质，包括营养性饲料添加剂和一般饲料添加剂。饲料添加剂在饲料中用量很少但作用显著。

（一）饲料添加剂安全使用准则

营养性饲料添加剂和一般性饲料添加剂产品应是《饲料添加剂品种目录》所规定的品种或取得国务院农业行政主管部门颁发的有效期内进口登记的饲料添加剂产品，抑或是国务院农业农村行政主管部门批准的新的饲料添加剂品种。饲料添加剂的使用应符合《饲料添加剂安全使用规范》，遵照产品标签所规定的用法用量使用，接收、处理和储存应保持安全有序，防止误用和交叉污染。

（二）饲料添加剂名录

凡生产、经营和使用的营养性饲料添加剂及一般饲料添加剂均应符合《饲料添加剂品种目录（2013）》（表4-16）及2018年和2020年农业农村部公布的增补目录（表4-17）中规定的品种，药物饲料添加剂应符合《药物饲料添加剂品种目录》（表4-18）中规定的品种，在《饲料添加剂品种目录》和《药物饲料添加剂品种目录》之外的其他任何添加物，未经农业农村部审核批准，不得作为饲料添加剂在饲料生产中使用。

表4-16 饲料添加剂品种目录（2013）

类　别	通用名称	适用范围
氨基酸、氨基酸盐及其类似物	L-赖氨酸、液体L-赖氨酸（L-赖氨酸含量不低于50%）、L-赖氨酸盐酸盐、L-赖氨酸硫酸盐及其发酵副产物（产自谷氨酸棒杆菌、乳糖发酵短杆菌，L-赖氨酸含量不低于51%）、DL-蛋氨酸、L-苏氨酸、L-色氨酸、L-精氨酸、L-精氨酸盐酸盐、甘氨酸、L-酪氨酸、L-丙氨酸、天（门）冬氨酸、L-亮氨酸、异亮氨酸、L-脯氨酸、苯丙氨酸、丝氨酸、L-半胱氨酸、L-组氨酸、谷氨酸、谷氨酰胺、缬氨酸、胱氨酸、牛磺酸	养殖动物
	半胱胺盐酸盐	畜禽
	蛋氨酸羟基类似物、蛋氨酸羟基类似物钙盐	猪、鸡、牛和水产养殖动物，犬、猫
	N-羟甲基蛋氨酸钙	反刍动物
	α-环丙氨酸	鸡
维生素及类维生素	维生素A、维生素A乙酸酯、维生素A棕榈酸酯、β-胡萝卜素、盐酸硫胺（维生素B_1）、硝酸硫胺（维生素B_1）、核黄素（维生素B_2）、盐酸吡哆醇（维生素B_6）、氰钴胺（维生素B_{12}）、L-抗坏血酸（维生素C）、L-抗坏血酸钙、L-抗坏血酸钠、L-抗坏血酸-2-磷酸酯、L-抗坏血酸-6-棕榈酸酯、维生素D_2、维生素D_3、天然维生素E、DL-α-生育酚、DL-α-生育酚乙酸酯、亚硫酸氢钠甲萘醌（维生素K_3）、二甲基嘧啶醇亚硫酸甲萘醌、亚硫酸氢烟酰胺甲萘醌、烟酸、烟酰胺、D-泛醇、D-泛酸钙、DL-泛酸钙、叶酸、D-生物素、氯化胆碱、肌醇、L-肉碱、L-肉碱盐酸盐、甜菜碱、甜菜碱盐酸盐	养殖动物
	25-羟基胆钙化醇（25-羟基维生素D_3）	猪、家禽
	L-肉碱酒石酸盐	宠物

（续）

类　别	通用名称	适用范围
矿物元素及其络（螯）合物[a]	氯化钠、硫酸钠、磷酸二氢钠、磷酸氢二钠、磷酸二氢钾、磷酸氢二钾、轻质碳酸钙、氯化钙、磷酸氢钙、磷酸二氢钙、磷酸三钙、乳酸钙、葡萄糖酸钙、硫酸镁、氧化镁、氯化镁、柠檬酸亚铁、富马酸亚铁、乳酸亚铁、硫酸亚铁、氯化亚铁、氯化铁、碳酸亚铁、氯化铜、硫酸铜、碱式氯化铜、氧化锌、氯化锌、碳酸锌、硫酸锌、乙酸锌、碱式氯化锌、氯化锰、氧化锰、硫酸锰、碳酸锰、磷酸二氢锰、碘化钾、碘化钠、碘酸钾、碘酸钙、氯化钴、乙酸钴、硫酸钴、亚硒酸钠、钼酸钠、蛋氨酸铜络（螯）合物、蛋氨酸铁络（螯）合物、蛋氨酸锰络（螯）合物、蛋氨酸锌络（螯）合物、赖氨酸铜络（螯）合物、赖氨酸锌络（螯）合物、甘氨酸铜络（螯）合物、甘氨酸铁络（螯）合物、酵母铜、酵母铁、酵母锰、酵母硒、氨基酸铜络合物（氨基酸来源于水解植物蛋白）、氨基酸铁络合物（氨基酸来源于水解植物蛋白）、氨基酸锰络合物（氨基酸来源于水解植物蛋白）、氨基酸锌络合物（氨基酸来源于水解植物蛋白）	养殖动物
	蛋白铜、蛋白铁、蛋白锌、蛋白锰	养殖动物（反刍动物除外）
	羟基蛋氨酸类似物络（螯）合锌、羟基蛋氨酸类似物络（螯）合锰、羟基蛋氨酸类似物络（螯）合铜	奶牛、肉牛、家禽和猪
	烟酸铬、酵母铬、蛋氨酸铬、吡啶甲酸铬	猪
	丙酸铬、甘氨酸锌	猪
	丙酸锌	猪、牛和家禽
	硫酸钾、三氧化二铁、氧化铜	反刍动物
	碳酸钴	反刍动物、猫、狗
	稀土（铈和镧）壳糖胺螯合盐	畜禽、鱼和虾
	乳酸锌（α-羟基丙酸锌）	生长育肥猪、家禽
酶制剂[b]	淀粉酶（产自黑曲霉、解淀粉芽孢杆菌、地衣芽孢杆菌、枯草芽孢杆菌、长柄木霉、米曲霉、大麦芽、酸解支链淀粉芽孢杆菌）	青贮玉米、玉米、玉米蛋白粉、豆粕、小麦、次粉、大麦、高粱、燕麦、豌豆、木薯、小米、大米
	α-半乳糖苷酶（产自黑曲霉）	豆粕
	纤维素酶（产自长柄木霉、黑曲霉、孤独腐质霉、绳状青霉）	玉米、大麦、小麦、麦麸、黑麦、高粱
	β-葡聚糖酶（产自黑曲霉、枯草芽孢杆菌、长柄木霉、绳状青霉、解淀粉芽孢杆菌、棘孢曲霉）	小麦、大麦、菜籽粕、小麦副产物、去壳燕麦、黑麦、黑小麦、高粱

（续）

类　别	通用名称	适用范围
酶制剂[b]	葡萄糖氧化酶（产自特异青霉、黑曲霉）	葡萄糖
	脂肪酶（产自黑曲霉、米曲霉）	动物或植物源性油脂或脂肪
	麦芽糖酶（产自枯草芽孢杆菌）	麦芽糖
	β-甘露聚糖酶（产自迟缓芽孢杆菌、黑曲霉、长柄木霉）	玉米、豆粕、椰子粕
	果胶酶（产自黑曲霉、棘孢曲霉）	玉米、小麦
	植酸酶（产自黑曲霉、米曲霉、长柄木霉、毕赤酵母）	玉米、豆粕等含有植酸的植物籽实及其加工副产品类饲料原料
	蛋白酶（产自黑曲霉、米曲霉、枯草芽孢杆菌、长柄木霉[c]）	植物和动物蛋白
	角蛋白酶（产自地衣芽孢杆菌）	植物和动物蛋白
	木聚糖酶（产自米曲霉、孤独腐质霉、长柄木霉、枯草芽孢杆菌、绳状青霉、黑曲霉、毕赤酵母）	玉米、大麦、黑麦、小麦、高粱、黑小麦、燕麦
微生物	地衣芽孢杆菌、枯草芽孢杆菌、两歧双歧杆菌、粪肠球菌、屎肠球菌、乳酸肠球菌、嗜酸乳杆菌、干酪乳杆菌、德式乳杆菌乳酸亚种（原名：乳酸乳杆菌）、植物乳杆菌、乳酸片球菌、戊糖片球菌、产朊假丝酵母、酿酒酵母、沼泽红假单胞菌、婴儿双歧杆菌、长双歧杆菌、短双歧杆菌、青春双歧杆菌、嗜热链球菌、罗伊氏乳杆菌、动物双歧杆菌、黑曲霉、米曲霉、迟缓芽孢杆菌、短小芽孢杆菌、纤维二糖乳杆菌、发酵乳杆菌、德氏乳杆菌保加利亚亚种（原名：保加利亚乳杆菌）	养殖动物
	产丙酸丙酸杆菌、布氏乳杆菌	青贮饲料、牛饲料
	副干酪乳杆菌	青贮饲料
	凝结芽孢杆菌	肉鸡、生长育肥猪和水产养殖动物
	侧孢短芽孢杆菌（原名：侧孢芽孢杆菌）	肉鸡、肉鸭、猪、虾
非蛋白氮	尿素、碳酸氢铵、硫酸铵、液氨、磷酸二氢铵、磷酸氢二铵、异丁叉二脲、磷酸脲、氯化铵、氨水	反刍动物
抗氧化剂	乙氧基喹啉、丁基羟基茴香醚（BHA）、二丁基羟基甲苯（BHT）、没食子酸丙酯、特丁基对苯二酚（TBHQ）、茶多酚、维生素E、L-抗坏血酸-6-棕榈酸酯	养殖动物
	迷迭香提取物	宠物

（续）

<table>
<tr><th>类　别</th><th colspan="2">通用名称</th><th>适用范围</th></tr>
<tr><td rowspan="6">防腐剂、防霉剂和调节剂</td><td colspan="2">甲酸、甲酸铵、甲酸钙、乙酸、双乙酸钠、丙酸、丙酸铵、丙酸钠、丙酸钙、丁酸、丁酸钠、乳酸、苯甲酸、苯甲酸钠、山梨酸、山梨酸钠、山梨酸钾、富马酸、柠檬酸、柠檬酸钾、柠檬酸钠、柠檬酸钙、酒石酸、苹果酸、磷酸、氢氧化钠、碳酸氢钠、氯化钾、碳酸钠</td><td>养殖动物</td></tr>
<tr><td colspan="2">乙酸钙</td><td>畜禽</td></tr>
<tr><td colspan="2">焦磷酸钠、三聚磷酸钠、六偏磷酸钠、焦亚硫酸钠、焦磷酸一氢三钠</td><td>宠物</td></tr>
<tr><td colspan="2">二甲酸钾</td><td>猪</td></tr>
<tr><td colspan="2">氯化铵</td><td>反刍动物</td></tr>
<tr><td colspan="2">亚硫酸钠</td><td>青贮饲料</td></tr>
<tr><td rowspan="5">着色剂</td><td colspan="2">β-胡萝卜素、辣椒红、β-阿朴-8′-胡萝卜素醛、β-阿朴-8′-胡萝卜素酸乙酯、β,β-胡萝卜素-4,4-二酮（斑蝥黄）</td><td>家禽</td></tr>
<tr><td colspan="2">天然叶黄素（源自万寿菊）</td><td>家禽、水产养殖动物</td></tr>
<tr><td colspan="2">虾青素、红法夫酵母</td><td>水产养殖动物、观赏鱼</td></tr>
<tr><td colspan="2">柠檬黄、日落黄、诱惑红、胭脂红、靛蓝、二氧化钛、焦糖色（亚硫酸铵法）、赤藓红</td><td>宠物</td></tr>
<tr><td colspan="2">苋菜红、亮蓝</td><td>宠物和观赏鱼</td></tr>
<tr><td rowspan="4">调味和诱食物质[d]</td><td rowspan="2">甜味物质</td><td>糖精、糖精钙、新甲基橙皮苷二氢查耳酮</td><td>猪</td></tr>
<tr><td>糖精钠、山梨糖醇</td><td rowspan="3">养殖动物</td></tr>
<tr><td>香味物质</td><td>食品用香料[e]、牛至香酚</td></tr>
<tr><td>其他</td><td>谷氨酸钠、5′-肌苷酸二钠、5′-鸟苷酸二钠、大蒜素</td></tr>
<tr><td rowspan="4">黏结剂、抗结块剂、稳定剂和乳化剂</td><td colspan="2">α-淀粉、三氧化二铝、可食用脂肪酸钙盐、可食用脂肪酸单/双甘油酯、硅酸钙、硅铝酸钠、硫酸钙、硬脂酸钙、甘油脂肪酸酯、聚丙烯酸树脂Ⅱ、山梨醇酐单硬脂酸酯、聚氧乙烯（20）山梨醇酐单油酸酯、丙二醇、二氧化硅、卵磷脂、海藻酸钠、海藻酸钾、海藻酸铵、琼脂、瓜尔胶
阿拉伯树胶、黄原胶、甘露醇、木质素磺酸盐、羧甲基纤维素钠、聚丙烯酸钠、山梨醇酐脂肪酸酯、蔗糖脂肪酸酯、焦磷酸二钠、单硬脂酸甘油酯、聚乙二醇400、磷脂、聚乙二醇甘油蓖麻酸酯</td><td>养殖动物</td></tr>
<tr><td colspan="2">丙三醇</td><td>猪、鸡和鱼</td></tr>
<tr><td colspan="2">硬脂酸</td><td>猪、牛和家禽</td></tr>
<tr><td colspan="2">卡拉胶、决明胶、刺槐豆胶、果胶、微晶纤维素</td><td>宠物</td></tr>
</table>

（续）

类　别	通用名称	适用范围
多糖和寡糖	低聚木糖（木寡糖）	鸡、猪、水产养殖动物
	低聚壳聚糖	猪、鸡和水产养殖动物
	半乳甘露寡糖	猪、肉鸡、兔和水产养殖动物
	果寡糖、甘露寡糖、低聚半乳糖	养殖动物
	壳寡糖［寡聚β-(1,4)-2-氨基-2-脱氧-D-葡萄糖］(n=2～10)	猪、鸡、肉鸭、虹鳟鱼
	β-1,3-D-葡聚糖（源自酿酒酵母）	水产养殖动物
	N,O-羧甲基壳聚糖	猪、鸡
其他	天然类固醇萨洒皂角苷（源自丝兰）、天然三萜烯皂角苷（源自可来雅皂角树）、二十二碳六烯酸（DHA）	养殖动物
	糖萜素（源自山茶籽饼）	猪和家禽
	乙酰氧肟酸	反刍动物
	苜蓿提取物（有效成分为苜蓿多糖、苜蓿黄酮、苜蓿皂苷）	仔猪、生长育肥猪、肉鸡
	杜仲叶提取物（有效成分为绿原酸、杜仲多糖、杜仲黄酮）	生长育肥猪、鱼、虾
	淫羊藿提取物（有效成分为淫羊藿苷）	鸡、猪、绵羊、奶牛
	共轭亚油酸	仔猪、蛋鸡
	4,7-二羟基异黄酮（大豆黄酮）	猪、产蛋家禽
	地顶孢霉培养物	猪、鸡
	紫苏籽提取物（有效成分为α-亚油酸、亚麻酸、黄酮）	猪、肉鸡和鱼
	硫酸软骨素	猫、狗
	植物甾醇（源于大豆油/菜籽油，有效成分为β-谷甾醇、菜油甾醇、豆甾醇）	家禽、生长育肥猪

注：a. 所列物质包括无水和结晶水形态；

b. 酶制剂的适用范围为典型底物，仅作为推荐，并不包括所有可用底物；

c. 目录中所列长柄木霉亦可称为长枝木霉或李氏木霉；

d. 以一种或多种调味物质或诱食物质添加载体等复配而成的产品可称为调味剂或诱食剂，其中：以一种或多种甜味物质添加载体等复配而成的产品可称为甜味剂；以一种或多种香味物质添加载体等复配而成的产品可称为香味剂；

e. 食品用香料见《食品安全国家标准食品添加剂使用卫生标准》（GB 2760）中食品用香料名单。

资料来源：农业农村部网站，http://www.moa.gov.cn/nybgb/2014/dyq/201712/t20171219_6104350.htm。

表4-16中所列物质包括无水和结晶水形态；酶制剂的适用范围为典型底物，仅作为推荐，并不包括所有可用底物；目录中所列长柄木霉亦可称为长枝木霉或里氏木霉；以一种或多种调味物质或诱食物质添加载体等复配而成的产品可称为调味剂或诱食剂，其中：

以一种或多种甜味物质添加载体等复配而成的产品可称为甜味剂；以一种或多种香味物质添加载体等复配而成的产品可称为香味剂。

表 4-17 饲料添加剂品种增补目录（2018年和2020年）

类 别	通用名称	适用范围
氨基酸、氨基酸盐及类似物	蛋氨酸羟基类似物	适用范围扩大至犬、猫
	蛋氨酸羟基类似物钙盐	适用范围扩大至犬、猫
	L-半胱氨酸盐酸盐	犬、猫
维生素及类维生素	维生素 K_1	犬、猫
	酒石酸氢胆碱	犬、猫
矿物元素及其络（螯）合物	烟酸铬	适用范围扩大至犬、猫
	酵母铬	适用范围扩大至犬、猫
	蛋氨酸铬	适用范围扩大至犬、猫
	吡啶甲酸铬	适用范围扩大至犬、猫
	丙酸铬	适用范围扩大至犬、猫
	甘氨酸锌	适用范围扩大至犬、猫
	乳酸锌（α-羟基丙酸锌）	适用范围扩大至犬、猫
	葡萄糖酸铜	犬、猫
	葡萄糖酸锰	犬、猫
	葡萄糖酸锌	犬、猫
	葡萄糖酸亚铁	犬、猫
	焦磷酸铁	犬、猫
	碳酸镁	犬、猫
	甘氨酸钙	犬、猫
	二氢碘酸乙二胺（EDDI）	犬、猫
酶制剂	溶菌酶（源自鸡蛋清）	适用范围扩大至犬、猫
	β-半乳糖苷酶（产自黑曲霉）	犬、猫
	菠萝蛋白酶（源自菠萝）	犬、猫
	木瓜蛋白酶（源自木瓜）	犬、猫
	胃蛋白酶（源自猪、小牛、小羊、禽类的胃组织）	犬、猫
	胰蛋白酶（源自猪或牛的胰腺）	犬、猫
微生物	凝结芽孢杆菌	适用范围扩大至犬、猫
抗氧化剂	硫代二丙酸二月桂酯	犬、猫
	甘草抗氧化物	犬、猫
	D-异抗坏血酸	犬、猫
	D-异抗坏血酸钠	犬、猫
	植酸（肌醇六磷酸）	犬、猫

（续）

类　别	通用名称	适用范围
防腐剂、防霉剂和酸度调节剂	亚硝酸钠	犬、猫
	氢氧化钙	犬、猫
	乙二胺四乙酸二钠	犬、猫
	乳酸钠	犬、猫
	乳酸钙	犬、猫
	乳酸链球菌素	犬、猫
	ε-聚赖氨酸盐酸盐	犬、猫
	脱氢乙酸	犬、猫
	脱氢乙酸钠	犬、猫
	琥珀酸	犬、猫
	碳酸钾	犬、猫
	焦磷酸二氢二钠	犬、猫
	谷氨酰胺转氨酶	犬、猫
	磷酸三钠	犬、猫
	葡萄糖酸钠	犬、猫
着色剂	β-胡萝卜素	适用范围扩大至犬、猫
	天然叶黄素（源自万寿菊）	适用范围扩大至犬、猫
	虾青素	适用范围扩大至犬、猫
	胭脂虫红	犬、猫
	氧化铁红	犬、猫
	高粱红	犬、猫
	红曲红	犬、猫
	红曲米	犬、猫
	叶绿素铜钠（钾）盐	犬、猫
	栀子蓝	犬、猫
	栀子黄	犬、猫
	新红	犬、猫
	酸性红	犬、猫
	萝卜红	犬、猫
	番茄红素	犬、猫
调味和诱食物质	海藻糖	犬、猫
	琥珀酸二钠	犬、猫
	甜菊糖苷	犬、猫
	5′-呈味核苷酸二钠	犬、猫

（续）

类　别	通用名称	适用范围
黏结剂、抗结块剂、稳定剂和乳化剂	硬脂酸	适用范围扩大至犬、猫
	丙三醇	适用范围扩大至犬、猫
	羟丙基纤维素	犬、猫
	羟丙基甲基纤维素	犬、猫
	硬脂酸镁	犬、猫
	不溶性聚乙烯聚吡咯烷酮（PVPP）	犬、猫
	羧甲基淀粉钠	犬、猫
	结冷胶	犬、猫
	醋酸酯淀粉	犬、猫
	葡萄糖酸-δ-内酯	犬、猫
	羟丙基二淀粉磷酸酯	犬、猫
	羟丙基淀粉	犬、猫
	酪蛋白酸钠	犬、猫
	丙二醇脂肪酸酯	犬、猫
	中链甘油三酯	犬、猫
	亚麻籽胶	犬、猫
	乙酰化二淀粉磷酸酯	犬、猫
	麦芽糖醇	犬、猫
	可得然胶	犬、猫
	聚葡萄糖	犬、猫
	乙基纤维素[a]	养殖动物
	聚乙烯醇[a]	养殖动物
多糖和寡糖	低聚木糖（木寡糖）	适用范围扩大至犬、猫
	低聚壳聚糖	适用范围扩大至犬、猫
	壳寡糖［寡聚β-(1-4)-2-氨基-2-脱氧-D-葡萄糖］（n=2～10）	适用范围扩大至犬、猫
	β-1,3-D-葡聚糖（源自酿酒酵母）	适用范围扩大至犬、猫
	低聚异麦芽糖	适用范围扩大至犬、猫
其他	苜蓿提取物（有效成分为苜蓿多糖、苜蓿黄酮、苜蓿皂苷）	适用范围扩大至犬、猫
	共轭亚油酸	适用范围扩大至犬、猫
	紫苏籽提取物（有效成分为α-亚油酸、亚麻酸、黄酮）	适用范围扩大至犬、猫
	植物甾醇（源于大豆油/菜籽油，有效成分为β-谷甾醇、菜油甾醇、豆甾醇）	适用范围扩大至犬、猫

（续）

类　别	通用名称	适用范围
其他	透明质酸	犬、猫
	透明质酸钠	犬、猫
	乳铁蛋白	犬、猫
	酪蛋白磷酸肽（CPP）	犬、猫
	酪蛋白钙肽（CCP）	犬、猫
	二十碳五烯酸（EPA）	犬、猫
	二甲基砜（MSM）	犬、猫
	硫酸软骨素钠	犬、猫

注：a. 表示2020年农业农村部增补进入《饲料添加剂品种目录（2013）》的饲料添加剂品种，其余均为2018年增补的饲料添加剂品种。

资料来源：1. 农业农村部网站，http://www.moa.gov.cn/nybgb/2018/201805/201806/t20180620_6152775.htm；

2. 农业农村部网站，http://www.moa.gov.cn/nybgb/2019/201912/202004/t20200410_6341221.htm。

表 4-18　药物饲料添加剂品种目录

序号	药物饲料添加剂名称	适用动物	作用与用途	休药期
1	二硝托胺预混剂	鸡	抗球虫药。用于鸡球虫病	鸡3 d
2	土霉素钙预混剂	猪、鸡、鸭	四环素类抗生素。促进仔猪、幼禽的生长发育，增强抵抗力，预防某些疾病感染，提高饲料利用率	猪7 d、鸡7 d、鸭7 d
3	山花黄芩提取物散	鸡	抗炎、抑菌，促生长。用于促进肉鸡生长	无须制定
4	马度米星铵预混剂	鸡	抗球虫药。用于预防鸡球虫病	鸡5 d
5	甲基盐霉素尼卡巴嗪预混剂	猪、鸡	抗球虫药。用于防治鸡球虫感染；可用于生长猪和育肥猪的促生长，提高饲料转化率	猪3 d、鸡5 d
6	甲基盐霉素预混剂	鸡	抗球虫病。用于预防鸡球虫感染	鸡5 d
7	吉他霉素预混剂	猪、鸡	大环内酯类抗生素。用于猪、鸡促生长	猪7 d、鸡7 d
8	地克珠利预混剂	禽、兔	抗球虫药。用于预防禽、兔球虫病	禽5 d、兔14 d
9	亚甲基水杨酸杆菌肽预混剂	猪、肉鸡、肉鸭	多肽类抗生素。用于促进猪、肉鸡及肉鸭生长	猪0 d、肉鸡0 d、肉鸭0 d
10	那西肽预混剂	猪、鸡	抗生素类药。用于猪、鸡促生长，提高饲料转化率	猪7 d、鸡7 d
11	杆菌肽锌预混剂	牛、猪、禽	多肽类抗生素。用于促进畜禽生长	牛0 d、猪0 d、禽0 d
12	阿维拉霉素预混剂	猪、肉鸡	寡糖类抗生素。用于提高猪和肉鸡的平均日增重和饲料报酬率；预防由产气荚膜梭菌引起的肉鸡坏死性肠炎，辅助控制由大肠杆菌引起的断奶仔猪腹泻	猪0 d、肉鸡0 d

（续）

序号	药物饲料添加剂名称	适用动物	作用与用途	休药期
13	金霉素预混剂	猪、鸡	抗生素类药。用于仔猪、肉鸡促生长	猪 7 d、鸡 7 d
14	盐酸氨丙啉乙氧酰胺苯甲酯预混剂	鸡	抗球虫药。用于鸡球虫病	鸡 3 d
15	盐酸氨丙啉乙氧酰胺苯甲酯磺胺喹噁啉预混剂	鸡	抗球虫药。用于鸡球虫病	鸡 7 d
16	盐酸氯苯胍预混剂	鸡、兔	抗球虫药。用于鸡、兔球虫病	鸡 5 d、兔 7 d
17	盐霉素预混剂	鸡	抗球虫药。用于预防鸡球虫病	鸡 5 d
18	盐霉素钠预混剂	鸡	抗球虫药。用于鸡球虫病	鸡 5 d
19	莫能菌素预混剂	鸡	抗球虫药。用于预防鸡球虫病	鸡 5 d
20	恩拉霉素预混剂	猪、鸡	多肽类抗生素。预防猪、鸡革兰氏阳性菌感染，促进猪、鸡生长	猪 7 d、鸡 7 d
21	海南霉素钠预混剂	鸡	聚醚类抗球虫药。用于防治鸡球虫病	鸡 7 d
22	黄霉素预混剂	猪、鸡、肉牛	抗生素类药。用于促进畜禽生长	猪 0 d、鸡 0 d，肉牛 0 d
23	维吉尼亚霉素预混剂	猪、鸡、肉牛	抗生素类药。用于猪、鸡促生长	猪 1 d、鸡 1 d
24	博落回散	猪、鸡、肉鸭、淡水鱼类、虾、蟹、龟、鳖等	抗菌、消炎、开胃、促生长。用于促进猪、鸡、肉鸭，淡水鱼类、虾、蟹和龟、鳖生长	无须制定
25	喹烯酮预混剂	猪	抗菌药。用于猪促生长	猪 14 d
26	氯羟吡啶预混剂	鸡、兔	抗球虫药。用于治疗鸡、兔球虫病	鸡 5 d、兔 5 d

资料来源：农业农村部网站，http://www.moa.gov.cn/hd/zqyi/201711/t20171102_5858835.htm。

三、畜禽用药安全使用

（一）兽药的概念术语

1. 兽药 用于预防、治疗和诊断畜禽等动物疾病，有目的地调节其生理机能并规定作用、用法和用量的物质。包括：血清、菌（疫）苗、诊断液等生物制品；兽用的中药材、中成药、化学原料及其制剂；抗生素、生化药品、放射性药品。

2. 抗寄生虫药 能够杀灭或驱除体内、体外寄生虫的兽药，其中包括中药材、中成药、化学药品、抗生素及其制剂。

3. 抗菌药 能够抑制或杀灭病原菌的兽药，其中包括中药材、中成药、化学药品、抗生素及其制剂。

4. 消毒防腐剂 用于抑制或杀灭环境中的有害微生物，防止疾病发生和传染的兽药。

5. 疫苗 由特定细菌、病毒、立克次体、螺旋体、支原体等微生物及寄生虫制成的主动免疫制品。将特定病毒等微生物及寄生虫毒力致弱或采用异源毒制成的疫苗称活疫苗。用物理或化学方法将其灭活制成的疫苗称灭活疫苗。

(二) 兽药安全使用准则

生产者应供给动物充足的营养，提供良好的饲养环境，加强饲养管理，采取各种措施以减少应激反应，增强动物自身的抗病力。应严格按《中华人民共和国动物防疫法》的规定防止畜禽发病和死亡，力争不用或少用药物。畜禽疾病以预防为主，建立严格的生物安全体系。必要时，进行预防、治疗和诊断疾病所用的兽药必须符合《中华人民共和国兽药典》《兽药质量标准》《兽用生物制品质量标准》和《进口兽药质量标准》有关规定。所用兽药必须来自具有生产许可证的生产企业，并且符合企业、行业或国家标准，具有产品批准文号，或者具有进口兽药登记许可证。所用兽药的标签必须遵守《兽药标签和使用说明书管理规定》。使用兽药时还应遵循以下原则：

优先使用合格畜禽产品生产资料的兽药产品。

允许使用消毒防腐剂对饲养环境、厩舍和器具进行消毒。但不得对动物直接施用。不能使用酚类消毒剂。

允许使用疫苗预防动物疾病。但是活疫苗应无外源病原污染，灭活疫苗的佐剂未被动物完全吸收前，该动物产品不能作为合格畜禽产品。

允许使用钙、磷、晒、钾等补充药，酸碱平衡药，体液补充药，电解质补充药，营养药，血容量补充药，抗贫血药，维生素类药，吸附药，泻药，润滑剂，酸化剂，局部止血药，收敛药和助消化药。

允许使用非处方药品种所有及农业农村部公布的《兽用处方药品种目录》的（第一批、第二批、第三批）中药品（表4－19），使用中应注意以下几点：严格遵守规定的作用与用途、使用对象、使用途径、使用剂量、疗程和注意事项，符合《无公害农产品　兽药使用准则》（NY/T 5030）停药期必须遵守规定的时间；产品中的兽药残留量应符合《动物性食品中兽药最高残留限量》规定，认证机构负责监督生产单位执行标准并抽检产品中的兽药残留量；建立并保存患病动物的治疗记录，包括患病家畜的畜号或其他标志、发病时间及症状、治疗用药的经过、治疗时间、疗程、所用药物的商品名称及主要成分。禁止使用有致癌、致畸、致突变作用的兽药；禁止在饲料中添加兽药；禁止使用激素类药品；禁止使用安眠镇静药、中枢兴奋药、镇痛药、解热镇痛药、麻醉药、肌肉松弛药、化学保定药、巴比妥类药等用于调节神经系统机能的兽药；禁止使用基因工程兽药。

表4－19　兽用处方药品种名录

分　类	名　称
抗微生物药	1. 抗生素类 (1) β-内酰胺类：注射用青霉素钠、注射用青霉素钾、氨苄西林混悬注射液、氨苄西林可溶性粉、注射用氨苄西林钠、注射用氯唑西林钠、阿莫西林注射液、注射用阿莫西林钠、阿莫西林片、阿莫西林可溶性粉、阿莫西林克拉维酸钾注射液、阿莫西林硫酸黏菌素注射液、注射用苯唑西林钠、注射用普鲁卡因青霉素、普鲁卡因青霉素注射液、注射用苄星青霉素、复方阿莫西林粉、复方氨苄西林粉、氨苄西林钠可溶性粉、阿莫西林克拉维酸钾片、阿莫西林硫酸黏菌素可溶性粉、阿莫西林硫酸黏菌素注射液

（续）

分　类	名　称
抗微生物药	（2）头孢菌素类：注射用头孢噻呋、盐酸头孢噻呋注射液、注射用头孢噻呋钠、注射用硫酸头孢喹肟、头孢氨苄片、头孢噻呋注射液 （3）氨基糖苷类：注射用硫酸链霉素、注射用硫酸双氢链霉素、硫酸双氢链霉素注射液、硫酸卡那霉素注射液、注射用硫酸卡那霉素、硫酸庆大霉素注射液、硫酸安普霉素注射液、硫酸安普霉素可溶性粉、硫酸新霉素溶液、硫酸新霉素粉（水产用）、硫酸新霉素可溶性粉、盐酸大观霉素可溶性粉、盐酸大观霉素盐酸林可霉素可溶性粉、硫酸庆大-小诺霉素注射液 （4）四环素类：土霉素注射液、盐酸土霉素注射液、注射用盐酸土霉素、四环素片、注射用盐酸四环素、盐酸多西环素粉（水产用）、盐酸多西环素可溶性粉、盐酸多西环素片、盐酸多西环素注射液、金霉素预混剂 （5）大环内酯类：红霉素片、注射用乳糖酸红霉素、硫氰酸红霉素可溶性粉、泰乐菌素注射液、注射用酒石酸泰乐菌素、酒石酸泰乐菌素可溶性粉、酒石酸泰乐菌素磺胺二甲嘧啶可溶性粉、替米考星注射液、替米考星可溶性粉、替米考星溶液、酒石酸吉他霉素可溶性粉、吉他霉素预混剂 （6）酰胺醇类：氟苯尼考粉、氟苯尼考粉（水产用）、氟苯尼考注射液、氟苯尼考可溶性粉、甲砜霉素注射液、甲砜霉素粉、甲砜霉素粉（水产用）、甲砜霉素可溶性粉、甲砜霉素片、甲砜霉素颗粒 （7）林可胺类：盐酸林可霉素注射液、盐酸林可霉素片、盐酸林可霉素可溶性粉 （8）其他：延胡索酸泰妙菌素可溶性粉、硫酸黏菌素预混剂、硫酸黏菌素预混剂（发酵）、硫酸黏菌素可溶性粉、乙酰氨基阿维菌素注射液、磷酸替米考星可溶性粉、亚甲基水杨酸杆菌肽可溶性粉、盐酸沃尼妙林预混剂、阿维拉霉素预混剂 2. 合成抗菌药 （1）磺胺类药：复方磺胺嘧啶粉（水产用）、复方磺胺对甲氧嘧啶粉、磺胺间甲氧嘧啶粉、复方磺胺间甲氧嘧啶可溶性粉、磺胺间甲氧嘧啶钠粉（水产用）、磺胺间甲氧嘧啶钠可溶性粉、复方磺胺间甲氧嘧啶钠粉、复方磺胺间甲氧嘧啶钠可溶性粉、复方磺胺二甲嘧啶粉（水产用）、复方磺胺二甲嘧啶可溶性粉、复方磺胺氯达嗪钠粉、磺胺氯吡嗪钠可溶性粉、磺胺喹噁啉钠可溶性粉、盐酸氨丙啉磺胺喹噁啉钠可溶性粉、复方磺胺二甲嘧啶钠可溶性粉、联磺甲氧苄啶预混剂、复方磺胺喹噁啉钠可溶性粉、磺胺氯达嗪钠乳酸甲氧苄啶可溶性粉 （2）喹诺酮类药：恩诺沙星注射液、恩诺沙星粉（水产用）、恩诺沙星片、恩诺沙星溶液、恩诺沙星可溶性粉、恩诺沙星混悬液、盐酸恩诺沙星可溶性粉、盐酸沙拉沙星注射液、盐酸沙拉沙星片、盐酸沙拉沙星可溶性粉、盐酸沙拉沙星溶液、甲磺酸达氟沙星注射液、甲磺酸达氟沙星溶液、甲磺酸达氟沙星粉、盐酸二氟沙星片、盐酸二氟沙星注射液、盐酸二氟沙星粉、盐酸二氟沙星溶液、噁喹酸散、噁喹酸混悬液、噁喹酸溶液、氟甲喹可溶性粉、氟甲喹粉、马波沙星片、马波沙星注射液、注射用马波沙星、恩诺沙星混悬液 （3）其他：乙酰甲喹片、乙酰甲喹注射液。
抗寄生虫药	1. 抗蠕虫药：阿苯达唑硝氯酚片、甲苯咪唑溶液（水产用）、硝氯酚伊维菌素片、阿维菌素注射液、碘硝酚注射液、精制敌百虫片、精制敌百虫粉（水产用） 2. 抗原虫药：注射用三氮脒、注射用喹嘧胺、盐酸吖啶黄注射液、甲硝唑片 3. 杀虫药：辛硫磷溶液（水产用）、高效氯氰菊酯溶液、精制敌百虫粉、敌百虫溶液（水产用）

（续）

分　类	名　称
中枢神经系统药物	1. 中枢兴奋药：尼可刹米注射液、樟脑磺酸钠注射液、盐酸苯噁唑注射液 2. 全身麻醉药与化学保定药：注射用硫喷妥钠、注射用异戊巴比妥钠 3. 其他：复方水杨酸钠注射液（含巴比妥）
外周神经系统药物	1. 拟胆碱药：氯化氨甲酰甲胆碱注射液、甲硫酸新斯的明注射液 2. 抗胆碱药：硫酸阿托品片、硫酸阿托品注射液、氢溴酸东莨菪碱注射液 3. 拟肾上腺素药：重酒石酸去甲肾上腺素注射液、盐酸肾上腺素注射液 4. 局部麻醉药：盐酸普鲁卡因注射液、盐酸利多卡因注射液
抗炎药	氢化可的松注射液、醋酸可的松注射液、醋酸氢化可的松注射液、醋酸泼尼松片、地塞米松磷酸钠注射液、醋酸地赛塞米松片、倍他米松片、美洛昔康注射液
生殖系统药物	黄体酮注射液、注射用促黄体素释放激素 A2、注射用促黄体素释放激素 A3、注射用复方鲑鱼促性腺激素释放激素类似物、注射用复方绒促性素 A 型、注射用复方绒促性素 B 型、三合激素注射液、戈那瑞林注射液、注射用戈那瑞林
抗过敏药	盐酸苯海拉明注射液、盐酸异丙嗪注射液、马来酸氯苯那敏注射液
局部用药物	苄星氯唑西林注射液、氨苄西林钠氯唑西林钠乳房注入剂（泌乳期）、盐酸林可霉素硫酸新霉素乳房注入剂（泌乳期）、盐酸林可霉素乳房注入剂（泌乳期）、盐酸吡利霉素乳房注入剂（泌乳期）、土霉素子宫注入剂、复方阿莫西林乳房注入剂、硫酸头孢喹肟乳房注入剂（泌乳期）、硫酸头孢喹肟子宫注入剂
解毒药	1. 金属络合剂：二巯丙醇注射液、二巯丙磺钠注射液 2. 胆碱酯酶复活剂：碘解磷定注射液 3. 高铁血红蛋白还原剂：亚甲蓝注射液 4. 氰化物解毒剂：亚硝酸钠注射液 5. 其他解毒剂：乙酰胺注射液

资料来源：1. 农业农村部网站：http://www.moa.gov.cn/nybgb/2014/dsanq/201712/t20171219_6105909.htm；
2. 农业农村部网站：http://www.moa.gov.cn/nybgb/2016/shierqi/201711/t20171125_5919549.htm。
3. 农业农村部网站：http://www.moa.gov.cn/nybgb/2020/202002/202004/t20200414_6341552.htm。

第五节　渔业安全生产技术

渔业生产为人类提供了大量优质蛋白，其安全生产直接关系到人类的健康和生命安全。渔业安全生产涉及饲料、饲料添加剂和渔用药物三个方面。

一、渔用配合饲料安全使用准则及安全指标

加工渔用饲料所用原料应符合各类原料标准的规定，不得使用受潮、发霉、生虫、腐败变质及受到石油、农药、有害金属等污染的原料；皮革粉应经过脱铬、脱毒处理方可作为饲料原料；大豆原料应经过破坏蛋白酶抑制因子的处理；鱼粉的质量应符合《鱼粉》（SC/T 3501）的规定；鱼油的质量应符合《鱼油》（SC/T 3502）中二级精制鱼油的要求；

使用的药物添加剂种类及用量应符合《无公害食品 渔用药物使用准则》(NY 5071)、《饲料药物添加剂使用规范》《禁止在饲料和动物饮用水中使用的药物品种目录》《食品动物禁用的兽药及其他化合物清单》的规定或新的公告规定。

渔用配合饲料的安全指标限量应符合表 4 - 20 的规定。

表 4 - 20 渔用配合饲料的安全指标限量

项　目	限　量	适用范围
铅(以 Pb 计)/(mg/kg)	≤5.0	各类渔用配合饲料
汞(以 Hg 计)/(mg/kg)	≤0.5	各类渔用配合饲料
无机砷(以 As 计)/(mg/kg)	≤3	各类渔用配合饲料
镉(以 Cd 计)/(mg/kg)	≤3	海水鱼类、虾类配合饲料
	≤0.5	其他渔用配合饲料
铬(以 Cr 计)/(mg/kg)	≤10	各类渔用配合饲料
氟(以 F 计)/(mg/kg)	≤350	各类渔用配合饲料
游离棉酚(以 As 计)/(mg/kg)	≤300 ≤150	温水杂食性鱼类、虾类配合饲料 冷水性鱼类、海水鱼类配合饲料
氰化物/(mg/kg)	≤50	各类渔用配合饲料
多氯联苯/(mg/kg)	≤0.3	各类渔用配合饲料
异硫氰酸酯/(mg/kg)	≤500	各类渔用配合饲料
噁唑烷硫酮/(mg/kg)	≤500	各类渔用配合饲料
油脂酸价/(KOH)(mg/kg)	≤2	渔用育苗配合饲料
	≤6	渔用育苗配合饲料
	≤3	鳗鲡育成配合饲料
黄曲霉毒素 B_1/(mg/kg)	≤0.01	各类渔用配合饲料
六六六/(mg/kg)	≤0.3	各类渔用配合饲料
滴滴涕/(mg/kg)	≤0.2	各类渔用配合饲料
沙门氏菌/(CFU/25 g)	不得检出	各类渔用配合饲料
霉菌/(CFU/g)	$\leq 3\times10^4$	各类渔用配合饲料

资料来源:NY 5072—2002。

二、渔用饲料储藏和保管

饲料的储藏和保管是从生产、销售到投喂之间的重要环节,其根本目的就是在饲料投喂之前要保持饲料固有的质量。为了保证饲料的质量,储藏过程必须有良好的设施和严格的管理规范。

(一) 良好的仓库设施。水产饲料蛋白、脂肪含量较高,储藏时间过长易造成饲料变质。水产饲料的生产高峰期多是高湿、高温的季节,因此,对仓库的设计、建造标准要求较高。储藏饲料的仓库应该具备不漏雨、不潮湿、门窗齐全、防晒、防热、防太阳辐射、通风良好等条件。必要时可以密闭后，使用化学熏蒸剂灭虫、鼠等有害生物。仓库四周阴沟要通畅，仓库内壁墙脚要有沥青层以防潮、防渗漏。仓顶要有隔热层，墙壁最好粉成白色以减少吸热，仓库周围可以种植树木，减少阳光直射。为了降低疾病传播的风险，饲料储藏地点尽量与养殖地点分开。

（二）合理的储藏方法。饲料包装材料应该采用复合袋，即外袋为牛皮纸或塑料袋，内袋为塑料薄膜袋。复合袋具有气密性好，能防潮、防虫，避免营养成分变质或损失。饲料包装前应该充分干燥、冷却，要掌握好饲料的湿度，以免封包后返潮。袋装饲料可以码垛堆放，袋口一律向内，以防沾染虫杂、吸湿或散口倒塌。仓内堆放要铺垫防潮。堆放不要紧靠墙壁，应留有一人行道。堆放可采用工字形或井字形，袋包间要有空隙，便于通风、散热和散湿。散装饲料可以采用围包散装或小囤打围法。如饲料量少可直接堆放在地上，量多时，应适当安放通风桩，以防止发热自燃。

（三）适当的存放时间。仓库储藏必须明确了解不同饲料的生产日期，可以按日期堆放在不同地点，记录好品种、规格、数量及生产日期等。按先进先出的原则，合理安排进出仓库的时间，缩短饲料在仓库的储藏时间。并及时将库存情况与生产部门沟通，以调整生产量。一般认为，不管在热带还是温带，仓库的储藏时间均应控制不超过 2～3 个月。储藏的时间与饲料的种类、饲料中脂肪的含量以及储藏条件有关。

（四）良好的卫生状况。仓库内的饲料应该堆放整齐，仓库必须打扫干净，定期消毒、灭鼠灭虫。如发现过期的或霉变的饲料，应立即采取措施处理。

（五）加强日常管理。饲料从进库就要进行严格的检查，不合格或有霉变、生虫的饲料，应杜绝入库，避免污染其他饲料。要经常保持库内通风，注意库内湿度和温度以及墙脚是否有孔洞等。库内温度应该在 15 ℃以下，湿度在 70%以下。加强仓库通风是经济有效的储藏方法。

（六）加强人员培训。对于仓库管理人员、操作工人等要进行专门的技术培训，并建立严格的管理和操作规范。

三、渔用饲料添加剂安全要求

渔用饲料添加剂是为保证或改善饲料品质，促进渔业生产，保障饲养鱼类健康，提高饲料利用率而添加到饲料中的少量和微量物质。一种配合饲料的质量好坏，不仅取决于主要饲料原料的合理搭配，还取决于饲料添加剂（feed additive）的质量。

饲料添加剂的主要作用是补充配合饲料中营养成分的不足，提高饲料利用率；改善饲料口味，提高适口性，促进鱼、虾正常发育和加速生长，改进产品品质，提高机体免疫力和抗病力，改善饲料的加工性能和饲料的物理性状，减少饲料储藏和加工运输过程中营养成分的损失等。

作为饲料添加剂，必须满足以下条件：

（一）长期使用或在使用期间对动物不会产生任何毒害作用和不良影响。

（二）必须具有确实的作用，产生良好的经济效益和生产效果。

（三）在饲料和动物体内具有较好的稳定性。

（四）不影响鱼、虾对饲料的适口性和对饲料的消化吸收。

（五）在动物体内的残留量不得超过规定标准，不得影响动物产品的质量和危害人体健康。

（六）选用的化工原料，其中有毒金属的含量不得超过允许的安全限度；其他原料不得发霉变质，不得含有有毒有害物质。

（七）维生素、酶、活菌制剂（微生态制剂）等生物活性物质不得失效，或超过有效期限。

饲料添加剂的选用要安全、经济、使用方便，还要注意添加剂的效价、有效期，以及遵守限用、禁用、配伍禁忌、用量、用法等有关事项的规定。

四、渔用药物的安全使用

（一）基本原则和要求

渔用药物的使用应以不危害人类健康和不破坏水域生态环境为基本原则；水生动植物增殖、养殖过程中对病虫害的防治，坚持“以防为主，防治结合”的原则；渔药的使用应严格遵循国家和有关部门的相关规定，严禁生产、销售和使用未取得生产许可证、批准文号与没有生产执行标准的渔药；鼓励研制、生产和使用“三效”（高效、速效、长效）、“三小”（毒性小、副作用小、用量小）的渔药，提倡使用水产专用渔药、生物源渔药和渔用生物制品；病害发生时应对症用药，防止滥用渔药与盲目增大用药量或增加用药次数、延长用药时间；食用鱼上市前应有相应的休药期。休药期的长短，应确保上市水产品的药物残留限量符合《无公害食品　水产品中渔药残留限量》（NY 5070）的要求。

水产饲料中药物的添加应符合《无公害食品　渔用配合饲料安全限量》（NY 5072）要求，不得选用国家规定禁止使用的药物或添加剂，也不得在饲料中长期添加抗菌药物。

（二）渔业常用药物使用方法及要求

渔业药物使用应对症施药，适时适量施药，根据药物生理生化特性掌握施药方法。常用药物使用方法见表4－21。

表4－21　渔用药物使用方法及要求

渔药名称	用　途	用法与用量	休药期/d	注意事项
氧化钙（生石灰）	用于改善池塘环境，清除敌害生物及预防部分细菌性鱼病	带水清塘：200～250 mg/L（虾类：350～400 mg/L） 全池泼洒：20～25 mg/L（虾类：15～30 mg/L）		不能与漂白粉、有机氯、重金属盐、有机络合物混用
漂白粉	用于清塘、改善池塘环境及防治细菌性皮肤病、烂鳃病、出血病	带水清塘：20 mg/L 全池泼洒：1～1.5 mg/L	≥5	勿用金属容器盛装；勿与酸、铵盐、生石灰混用
二氯异氰尿酸钠	用于清塘及防治细菌性皮肤溃疡病、烂鳃病、出血病	全池泼洒：0.3～0.6 mg/L	≥10	勿用金属容器盛装

（续）

渔药名称	用　　途	用法与用量	休药期/d	注意事项
三氯异氰尿酸钠	用于清塘及防治细菌性皮肤溃疡病、烂鳃病、出血病	全池泼洒：0.2～0.5 mg/L	≥10	勿用金属容器盛装；针对不同的鱼类和水体pH，使用量应适当增减
二氧化氯	用于防治细菌性皮肤病、烂鳃病、出血病	浸浴：20～40 mg/L，5～10 min； 全池泼洒：0.1～0.2 mg/L，严重时0.3～0.6 mg/L	≥10	勿用金属容器盛装；勿与其他消毒剂混用
二溴海因	用于防治细菌性和病毒性疾病	全池泼洒：0.2～0.3 mg/L		
氯化钠（食盐）	用于防治细菌、真菌或寄生虫疾病	浸浴：1%～3%，5～20 min		
硫酸铜（蓝矾、胆矾、石胆）	用于治疗纤毛虫、鞭毛虫等寄生性原虫病	浸浴：8 mg/L（海水鱼类8～10 mg/L），15～30 min； 全池泼洒：0.5～0.7 mg/L（海水鱼类0.7～1.0 mg/L）		常与硫酸亚铁合用；广东鲂慎用；勿用金属容器盛装；使用后注意池塘增氧；不宜用于治疗小瓜虫病
硫酸亚铁（硫酸低铁、绿矾、青矾）	用于治疗纤毛虫、鞭毛虫等寄生性原虫病	全池泼洒：0.2 mg/L（与硫酸铜合用）		治疗寄生性原虫病时需与硫酸铜合用；乌鳢慎用
高锰酸钾（锰酸钾、灰锰氧、锰强灰）	用于杀灭锚头鳋	浸浴：10～20 mg/L，15～30 min； 全池泼洒：4～7 mg/L		水中有机氯含量高时药效降低；不宜在强烈阳光下使用
四烷基季铵盐络合碘（季铵盐含量为50%）	对病毒、细菌、纤毛虫、藻类有杀灭作用	全池泼洒：0.3 mg/L（虾类相同）		勿与碱性物质同时使用；勿与阴离子表面活性剂混用；使用后注意池塘增氧；勿用金属容器盛装
大蒜	用于防治细菌性肠炎	拌饵投喂：每千克体重10～30 g，连用4～6 d（海水鱼类相同）		
大蒜素粉（含大蒜素10%）	用于防治细菌性肠炎	每千克体重0.2 g，连用4～6 d（海水鱼类相同）		
大黄	用于防治细菌性肠炎、烂鳃	全池泼洒：2.5～4.0 mg/L（海水鱼类相同） 拌饵投喂：每千克体重5～10 g，连用4～6 d（海水鱼类相同）		投喂时常与黄芩、黄柏合用（三者比例5∶2∶3）

（续）

渔药名称	用　　途	用法与用量	休药期/d	注意事项
黄芩	用于防治细菌性肠炎、烂鳃、赤皮、出血病	拌饵投喂：每千克体重2～4g，连用4～6d（海水鱼类相同）		投喂时常与黄芩、黄柏合用（三者比例5：2：3）
黄柏	用于防治细菌性肠炎、出血	拌饵投喂：每千克体重3～6g，连用4～6d（海水鱼类相同）		投喂时常与黄芩、黄柏合用（三者比例5：2：3）
五倍子	用于防治细菌性烂鳃、赤皮、白皮、疖疮	全池泼洒：2～4mg/L（海水鱼类相同）		
穿心莲	用于防治细菌性肠炎、烂鳃、赤皮	全池泼洒：15～20mg/L 拌饵投喂：每千克体重10～20g，连用4～6d		
苦参	用于防治细菌性肠炎、竖鳞	全池泼洒：1.0～1.5mg/L 拌饵投喂：每千克体重1～2g，连用4～6d		
土霉素	用于治疗肠炎病、弧菌病	拌饵投喂：每千克体重50～80mg，连用4～6d（海水鱼类相同） 虾类：每千克体重50～80mg，连用5～10d	≥30（鳗鲡） ≥21（鲇）	勿与铝、镁离子及卤素、碳酸氢铵、凝胶合用
噁喹酸	用于治疗细菌性肠炎病、赤鳍病，香鱼、对虾弧菌病，鲈结节病，鲱疖疮病	拌饵投喂：每千克体重10～30mg，连用5～7d；海水鱼类：1～20mg；对虾：每千克体重6～60mg，连用5d	≥30（鳗鲡） ≥21（鲤、香鱼） ≥16（其他鱼类）	用药量视不同的疾病有所增减
磺胺嘧啶（磺胺哒嗪）	用于治疗鲤科鱼类的赤皮病、肠炎病、海水鱼链球菌病	拌饵投喂：每千克体重100mg，连用5d（海水鱼类相同）		与甲氧苄氨嘧啶（TMP）同用。可产生增效作用；第一天药量增加
磺胺甲噁唑（新诺明、新明磺）	用于治疗鲤科鱼类的肠炎病	拌饵投喂：每千克体重100mg，连用5～7d	≥30	不能与酸性药物同用；与甲氧苄氨嘧啶（TMP）同用。可产生增效作用；第一天药量增加

（续）

渔药名称	用 途	用法与用量	休药期/d	注意事项
磺胺间甲氧嘧啶（制菌磺、磺胺-6-甲氧嘧啶）	用于治疗鲤科鱼类的竖鳞病、赤皮病及弧菌病	拌饵投喂：每千克体重≥37 g（鳗鲡）50～100 mg，连用4～6 d（海水鱼类相同）		与甲氧苄氨嘧啶（TMP）同用。可产生增效作用；第一天药量增加
氟苯尼考	用于治疗鳗鲡爱德华氏病、赤鳍病	拌饵投喂：每千克体重10.0 mg，连用4～6 d	≥7（鳗鲡）	
聚维酮碘（聚乙烯吡咯烷酮碘、PVP-1、碘伏）（有效碘1.0%）	用于防治细菌性烂鳃病、弧菌病、鳗鲡红头病，并可用于预防病毒病，如草鱼出血病、传染性胰腺坏死病、传染性造血组织坏死病、病毒性出血败血症	全池泼洒：海、淡水幼鱼、幼虾：0.2～0.5 mg/L；海、淡水成鱼、成虾：1～2 mg/L；鳗鲡：2～4 mg/L 浸浴：草鱼种：30 mg/L，15～20 min；鱼卵：30～50 mg/L（海水鱼卵：25～30 mg/L），5～15 min		勿与金属物品接触；勿与季铵盐类消毒剂直接混合使用

注：1. 用法与用量栏未标明海水鱼类与虾类的均适用于淡水鱼类；

2. 休药期为强制性。

资料来源：NY 5071—2002。

（三）禁用渔药

渔业施药严禁使用高毒、高残留或具有三致性（致癌、致畸、致突变）的药品，严禁使用对水域环境有严重破坏而又难以修复的渔药，严禁直接向养殖水域泼洒抗生素，严禁将新近开发的人用新药作为渔药的主要或次要成分使用。禁用渔药见表4-22。

表4-22 禁用渔药

药物名称	化学名称（组成）	别名
地虫硫磷	O-乙基-S苯基二硫代磷酸乙酯	大风雷
六六六	1,2,3,4,5,6-六氯环己烷	
林丹	γ-1,2,3,4,5,6-六氯环己烷	丙体-六六六
毒杀芬	八氯莰烯	氯化莰烯
滴滴涕	2,2-双（对氯苯基）-1,1,1-三氯乙烷	
甘汞	二氯化汞	
硝酸亚汞	硝酸亚汞	
醋酸汞	醋酸汞	
呋喃丹	2,3-二氢-2,2-二甲基-7-苯并呋喃基-甲基氨基甲酸酯	克百威、大扶农
杀虫脒	N′-(2-甲基-4-氯苯基)-N,N′-二甲基脒盐酸盐	克死螨

（续）

药物名称	化学名称（组成）	别名
双甲脒	1,5-双-(2,4-二甲基苯基)-3-甲基-1,3,5-三氮戊二烯-1,4	二甲苯胺脒
氟氯氰菊酯	α-氰基-3-苯氧基-4-氟苄基（1R,3R)-3-(2,2-二氯乙烯基)-2,2-二甲基丙烷羧酸酯	百树菊酯、百树得
氟氰戊菊酯	（R，S）α-氰基-3-苯氧苄基-(R，S)-2-(4-二氟甲氧基)-3-甲基丁酸酯	氟氰菊酯
五氯酚钠	五氯酚钠	
孔雀石绿	$C_{23}H_{25}C_{l}N_{2}$	碱性绿、盐基块绿、孔雀绿
锥虫砷胺		
酒石酸锑钾	酒石酸锑钾	
磺胺噻唑	2-(对氨基苯磺酰胺)-噻唑	消治龙
磺胺脒	N_1-脒基磺胺	磺胺胍
呋喃西林	5-硝基呋喃醛缩氨基脲	呋喃新
呋喃唑酮	3-(5-硝基糠叉胺基)-2-噁唑烷酮	痢特灵
呋喃纳斯	6-羟甲基-2-[-(5-硝基-2-呋喃基乙烯基)] 吡啶	P-7138（实验名）
氯霉素		
红霉素		
杆菌肽锌		枯草菌肽
泰乐菌素		
环丙沙星	为合成的第三代奎诺酮类抗菌药，常用盐酸盐水合物	环丙沙星
阿伏帕星		阿伏霉素
喹乙醇	喹乙醇	喹酰胺醇羟乙喹氧
速达肥	5-苯硫基-2-苯并咪唑	苯硫哒唑氨甲基甲酯
己烯雌酚（包括雌二醇等其他类似合成雌性激素）	人工合成的非甾体雌激素	己烯雌素，人造求偶素
甲睾酮（包括丙酸睾酮、去氢甲睾酮及其同化物等雄性激素）	睾丸素 C_{17}的甲基衍生物	甲睾酮甲基睾酮

资料来源：NY 5071—2002。

思考题

1. 安全农产品初加工场址选择应遵循什么原则?
2. 农产品安全生产的施肥原则有哪些?
3. 农作物病害综合治理措施包括哪几个方面? 农药使用的关键技术是什么?
4. 合格饲料添加剂的使用准则是什么?
5. 渔用药物使用的基本原则是什么?

第五章　农业野生植物资源保护

农业野生植物是生物遗传资源不可或缺的组成部分，是战略性储备资源，为国家粮食安全提供重要保障。开展农业野生植物资源监测与调查，掌握野生植物资源地理分布种类、储量和生态演替规律等，是农业野生植物资源可持续开发利用的重要前提。本章主要介绍农业野生资源植物传统的调查与生境保护的相关知识。

第一节　农业野生植物调查

一、物种地理分布术语与定义

农业野生植物　与农业生产有关的栽培植物的野生种或野生近缘种。

种群　指在一定时间内占据一定空间的同种生物的所有个体，具有潜在杂交能力和自己独立的特征、结构和机能的整体，是物种在自然界中进化的基本单位。

亚种群　是种群在地理上或者其他方面被分割的群体，特征突出，各亚种群之间很少发生个体或遗传交流（典型的是每年具有一个或更少的个体成功的迁移或者有效的基因交流），一个亚种群可能或不限制在一个地区。

种群分布　是指种群在空间的分布状况，涉及种群传播、分布类型、格局等要素。在特定环境中分布格局的形成，取决于其对环境的适应性。

种群分布类型　指种群在空间分布的方式。此空间是指一个种群在其所有大分布范围内的空间，称之为外分布型。种群分布类型可分为连续分布、间断分布或不连续分布。按照个体空间分布格局可分为均匀分布、随机分布、聚群分布，如图 5 - 1 所示。

成熟个体　具有繁殖能力的个体的总数。

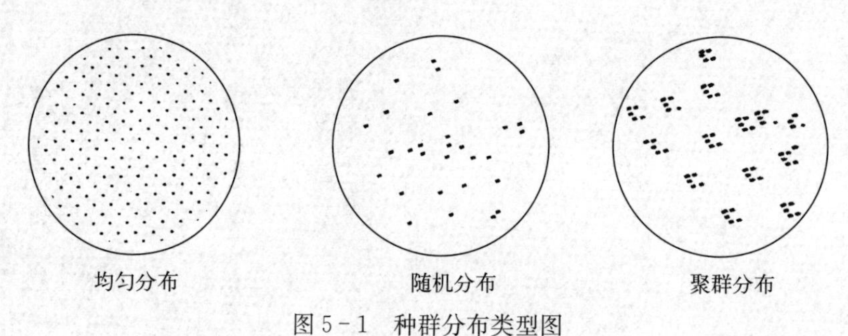

图 5 - 1　种群分布类型图

分布区 是指环绕一个分类单元所有已知、推断或预计的目前出现位点（不包括游荡情况）在内的最短连续假想边界所包含的面积。此数值可能不包括该分类单元在整个分布区内不连续或未接合在一起的地方。经常用最小凸多边形的面积来度量（该最小多边形的所有内角不能超过180度，并要包含所有出现位点），其与面积的区别在于：(1) 表示已知、推断或预计的出现位点的空间分布。(2) 表示分布区的可能边界，边界内的面积为分布区面积。(3) 表示一种占有面积的计算方法，占有面积为出现位点所在的方形样格的面积的总和。

濒危状况 物种生存受威胁的程度，按照世界自然保护联盟（IUCN，1994）等级划分标准，其等级分为：濒危、渐危、稀有。

濒危（EN）。临危种，物种在其分布全部或显著范围内有随时灭绝的危险，这类植物通常生产稀疏、个体数或种群数量低，且分布高度狭域。因栖息地丧失、破坏或过度开采等，其生存濒危。按照世界自然保护联盟（IUCN，1994）等级划分标准确定。

渐危（VU）。脆弱或受威胁种，物种的生存受到人类活动或自然因素的威胁，物种由于栖息地破坏、退化或过度开采等，在可预见的将来，在整个分布区或分布区的核心部分很可能成为濒危物种。按照世界自然保护联盟（IUCN，1994）等级划分标准确定。

稀有（rare）。罕见种，物种虽然无灭绝的直接危险，现尚不属于濒危、渐危种群，但在其分布区内有很少群体，或存在于非常有限的空间，或虽有较大的分布范围，但只能零星存在，可能很快消失的物种。按照世界自然保护联盟（IUCN，1994）等级划分标准确定。

世代长度 当前群体（种群中新生个体）上一代的平均年龄，反映一个种群中繁殖个体的周转率，除个体只繁殖一次的分类单元外，其他分类单元的该数值都大于首次繁殖年龄，在受到威胁世代长度发生改变的情况下，应该采用更自然（如干扰前）的世代长度。

减少。指成熟个体数量的减少，用特定时间段内减少的百分比表示，不同于自然波动。

持续衰退。最近、现在或不久的将来存在的衰退（可能平稳、可能不规则、也可能是零星现象），如果不采取有效措施，此种衰退必将持续，通常自然波动不算衰退。

极度波动。种群大小或分布面积变化范围大、速度快且频繁的分类单元，波动范围超过一定数量级，即增加10倍以上或减少10倍以上。

严重分割。一个分类单元的大多数个体生活于小的及相对被隔离的亚种群，从而增加该分类单元灭绝的风险（由于与其他亚种群合并的机会减少）。

占有面积 一个分类单元在“分布区”内实际占有的面积（不包括游荡情况）。该数值表明一个分类单元常常并不在其分布区的整个区域内存在，例如分布区可能包括不适合的栖息地。在某些情况下（如迁徙种类的集体巢穴位点、摄食位点）占有面积是满足一个分类单元现存种群的任何阶段生存所必需的最小面积。占有面积的大小是测量时所使用的比例尺的函数，应该根据该分类单元的相关生物学特点、威胁特性和可用数据来选定适当的比例尺。

生境 生物个体、种群或群落生活的具体空间内，对其起作用的所有环境因子的总称。涉及生物栖息环境时常用“栖息地”代替。

原位点及原位点号 原位点是生物原始生存地；原位点号是生物原生存地对应的唯一编号。

生活型 生物对于特定生境长期适应而在外貌上反映出来的类型。不同种植物长期生活在同一区域或相似区域，由于对该地区环境的共同适应，从外貌上反映出来的植物类型，都属于同一生活型。如乔木、灌木、草本、藤本、垫状植物等。其形成是不同植物对相同环境条件产生趋同适应的结果。

生态型 同种植物的不同种群由于长期分布在不同环境中，在生态适应过程中发生变异与分化，形成不同的形态、生理和生态特征，适应不同环境，并通过遗传固定下来，从而分化为不同的种群类型。生态型的形成有许多因素，通常按照形成的主导因素将其划分为气候生态型、土壤生态型、生物生态型和人为生态型 4 类。

二、分布状况调查

分布点与分布区确定：根据文献资料、咨询，初步判断调查对象可能分布地点，并标注在调查图上。在前期资料查询、确定目的物种大致分布点的基础上，采取遥感调查、生境分析和现场踏查相结合的方法，确定目的物种的分布范围，并在调查底图上勾绘确定分布区。

(一) 确定分布点

在以往调查已知分布点的基础上，采取如下方式获得目的物种新的分布点，并在不小于 1∶50 000 的比例尺调查底图（地形图或植被图）上标出。

1. 查询和收集文献资料 以往的全国重点野生植物调查资料，省、市、县植物种质资源调查资料，植物名录与文献，植被调查资料与文献，地方志、农业志、植物志等。

2. 植物标本 查阅植物园、标本馆、自然博物馆及科研院校收集保存的目的物种标本。记录标本信息，包括标本采集地点、群落名称、海拔、生境、采集人、时间等。

3. 咨询专家 咨询植物学研究人员、育种专家、种质资源收集保存人员，或召集专家咨询会，了解物种分布、数量和开发利用情况。

4. 民间走访 下发物种照片、绘图等资料，通过基层农技人员广泛发动群众识别、报告。

(二) 确定分布区

1. 单株或小居群分布 植物分布的小生境边缘，株高 3 倍为直径圆周。

2. 狭域分布点 对每个分布点现场踏查，按照目的物种所处的生境边界确定分布区范围。

3. 广布种分布区 查阅历史分布记录，利用地理信息系统，按照目的物种的海拔、地形、土壤类型等生境要求，及分布档案等图层进行叠加，确定调查物种可能分布区范围。在不小于 1∶50 000 的比例尺调查底图（地形图或植被图）上标出，并根据现场踏查结果修正分布区范围。确定过程见图 5－2。

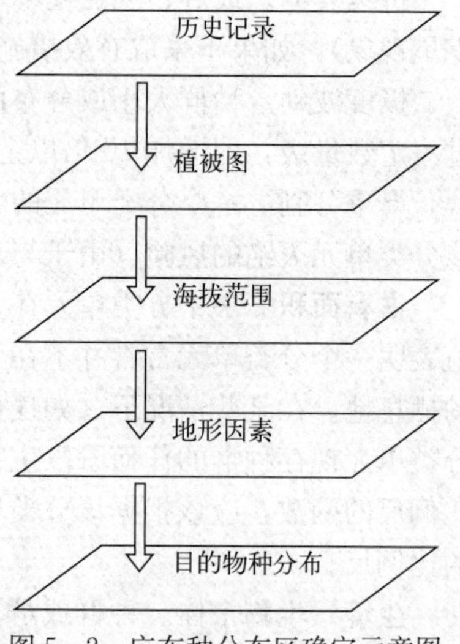

图 5－2 广布种分布区确定示意图

（三）划分调查区

在县级行政区域内，如某一目的物种的分布出现以下情况时，应划分为不同的调查区分别调查：

1. 目的物种分布的生境或群落类型不一样。

2. 分布区处于不同的保护状态。如自然保护区、森林公园、湿地公园、风景名胜区、自然保护小区、无保护措施区等。

3. 分布区受到威胁的程度不一致。

（四）照片拍摄

目的物种个体、花、果枝、全株、植物群落外貌、结构及土壤彩色照片，相机要求500万以上像素。

按调查表记录有关内容，主要包括样地与样方号、样方面积、调查的时间、地点、群落类型，以及样方内植物的高度、盖度、密度、生物量、利用部位生物量、物候期、生活力、生活型、冠径等。

三、物候期调查

全年连续定时观测的指标，群落物候反映季相和外貌，故必须在一次性调查中记录群落中各种植物的物候期。物候期的划分一般分为6个，营养期；蕾期或抽穗期（可记为V）；开花期或孢子期（可记为O）（可再分为初花、盛花（O）、末花）；结果期或结实期（可记为T）（可再分为初果、盛果、末果）；落果期、落叶期或枯黄期（常绿落果）；休眠期或枯死期（一年生枯死者可记为X）。如果某植物同时处于花蕾期、开花期、结实期，则选取一定面积，估计其一物候期达到50%以上者记之，其他物候期记在括号中，例如开花期达50%以上者，则记O（V）。

四、生活力调查

生活力又称生活强度或茂盛度，为全年连续定时记录的指标。一次性调查中只记录该种植物当时的生活力强弱，主要反映生态上的适应性和竞争能力，不包括因物候原因生活力变化者。生活力一般分为3级：强或盛（营养生长良好，繁殖能力强，在群落中生长势良好）；中（生活力中等或正常，即具有营养和繁殖能力，生长势一般）；弱（或衰）（营养生长不良，繁殖很差或不能繁殖，生长势很不好）。

1. 株高测量 株高是植物形态学调查工作中最基本的指标之一，主要指从植株基部至主茎顶部即主茎生长点之间的距离。测量时可将尺子挨着地面量到苗顶最高位置，读数即为株高。

2. 冠径和丛径测定 冠径指植物地上部分垂直投影于地面阴影的直径。用于不成丛单株散生的植物种类，测量时以植物种为单位，选择一个平均大小（即中等大小）的植冠直径，记一个数字即可，然后再选一株植冠最大的植株测量直径记下数字。丛径指植物成丛生长的地上部分垂直投影于地面阴影的直径。在矮小灌木和草本植物中各种丛生的情况较常见，故可以丛为单位，测量共同种各丛的一般丛径和最大丛径。

3. 盖度（总盖度、层盖度、种盖度）测量 群落总盖度是指一定样地面积内原有生活着的植物覆盖面的百分率。包括乔木层、灌木层、草本层、苔藓层的各层植物。所以相互层之间重叠的现象是普遍的，总盖度不管重叠部分。如果全部覆盖地面，其总盖度为100%；如果林内有一个小林窗，地表正好都为裸地，太阳光直射时，光斑约占盖度的10%，其他地面或为树冠覆盖，或为草本覆盖，故此样地的总盖度为90%。草地植被的总盖度可以采用缩放尺实绘于方格纸上，再按方格面积确定盖度的百分数。

4. 层盖度 指各分层的盖度，实测时可用方格纸在实地勾绘。

5. 种盖度 指各层中每个植物种所有个体的盖度，一般也可目测估计。盖度很小的种，可略而不计，或计小于1%。

6. 个体盖度 即指上述的冠径，是以个体为单位，可以直接测量。

由于植物的重叠现象，故个体盖度之和不小于种盖度，种盖度之和不小于层盖度，各层盖度之和不小于总盖度。

五、植物蓄积量调查

1. 估量法 参照历年资料和调查所得的印象作估计。

2. 实测法 包含数量和重量两个方面。数量蓄积是指单位面积内该资源植物的株数。可以用样地法或样线法进行计算，在样方大小方面，灌木50 m，草本5 m。样线应不短于50 m，沿样线一侧1 m范围内进行调查。样方和样线均应设5～10个，取其平均值，最后计算每hm^2所含株数。样方和样线的设立，可利用野外初查时所划的样方、样线。重量蓄积是指单位面积内该资源植物的总湿重和总干重。重量蓄积的调查是在数量蓄积调查基础上进行。可在样方内或在样线一侧选择一定数目的植株，或挖取其整株植物，或采摘其有用部分，就地进行称重，获得湿重数值，再将称重过的植物带回晒干或烘干，再次称重，获得干重数值。调查也应在5～10个样方（或样线），求取平均值，并计算每hm^2所含重量。每个样方（样线）中选取的植株数目，视植株大小而异，乔木和灌木可取5～10株，草本可取10～50株。所选用的植株均应是中等发育水平的。

六、资料整理和总结

在调查工作中，积累了大量的资料，当调查工作结束时，应该对这些资料进行整理和总结。

1. 资料的整理 整理植物标本。应及时将采集的植物样品制成腊叶标本和浸制标本，并查阅文献，确定名称。定名后的标本，应该按资源植物的类别进行分类，妥善存放。每一份标本都要具备以下三个条件：

（1）标本本身完整。包括根、茎、叶、花（果）。

（2）野外记录复写单的各项内容应完整无缺。

（3）定名正确。

2. 样品整理 每一种样品都要单独存放（放入布袋、纸袋或其他容器内），样品要拴好号牌，容器外面贴好登记卡。需要请外单位代为测定的样品，应及时送出。

3. 原始资料整理 包括野外观察记录、野外简易测定结果、室内测定数据、各种测定方法、访问记录等。

第二节 农业野生植物生境防护

一、国家重点野生植物保护名录

第一批国家重点保护农业野生植物名录有254种（类），其中49种（类）由原农业部门主管，其余由原林业部门主管。原农业部门主管的49种中，一级保护物种有6种（类），二级保护物种有43种（类）。根据《国家林业和草原局 农业农村部公告》（2020年第8号），发菜、冬虫夏草等20个国家重点保护野生植物物种的调查、采集、出售、收购、进出口等监督管理工作由农业农村主管部门划转至林业和草原主管部门。具体物种见表5-1。

表5-1 国家重点保护农业野生植物名录（第一批，农业部门主管）

中文名	拉丁名	保护级别	
		Ⅰ	Ⅱ
蕨类植物 Pteridophytes			
水韭科	*Isoetaceae*		
水韭属（所有种）	*Isoetes* spp.	Ⅰ	
水蕨科	*Parkeriaceae*		
水蕨属（所有种）	*Ceratiopteris* spp.		Ⅱ
被子植物 *Angriospermae*			
泽泻科	*Alismataceae*		
长喙毛茛泽泻	*Ranalisma rostrantum*	Ⅰ	
浮叶慈菇	*Sagittaria natans*		Ⅱ
花蔺科	*Butomaceae*		
拟花蔺	*Butomopsis itifolia*		Ⅱ
菊科	*Compositae*		
画笔菊[a]	*Ajaniopsis penicilliformis*		Ⅱ
革苞菊[a]	*Tugarinovia mongolica*	Ⅰ	
茅膏菜科	*Drosemceac*		
貉藻	*Aldrovanda* vesiculosa	Ⅰ	
瓣鳞花科	*Frankeniaceae*		
瓣鳞花[a]	*Frankenia pulverulenta*		Ⅱ
龙胆科	*Gentianaceae*		
辐花[a]	*Lomatogoniopsis alpina*		Ⅱ
禾本科	*Gramineae*		
酸竹	*Acidosasa chinensis*		Ⅱ
沙芦草[a]	*Agropyron mongolicum*		Ⅱ
异颖草[a]	*Anisachne garcilis*		Ⅱ

（续）

中文名		拉丁名	保护级别	
			Ⅰ	Ⅱ
	短芒披碱草[a]	*Elymus breviaristatus*		Ⅱ
	无芒披碱草[a]	*Elymus submuticus*		Ⅱ
	毛披碱草[a]	*Elymus villifer*		Ⅱ
	内蒙古大麦[a]	*Hordenum innermongolicum*		Ⅱ
	药用野生稻	*Oryza officinalis*		Ⅱ
	普通野生稻	*Oryza rufipogon*		Ⅱ
	四川狼尾草[a]	*Pennisetum sichuanense*		Ⅱ
	华山新麦草[a]	*Psatlryrostachys huashanica*	Ⅰ	
	三蕊草[a]	*Sinochasea trigyna*		Ⅱ
	拟高粱	*Sorghum propinquum*		Ⅱ
	箭叶大油芒[a]	*Spodiopogon sagittifolius*		Ⅱ
	中华结缕草	*Zoysia sinica*		Ⅱ
小二仙草科		*Haloragidaceae*		
	乌苏里狐尾藻	*Myeiophyllum ussuriense*		Ⅱ
水鳖科		*Hydrocharitaceae*		
	水菜花	*Ottelia cordata*		Ⅱ
豆科		*Leguminosae*		
	线苞两型豆[a]	*Amphicarpaea linearis*		Ⅱ
	野大豆	*Glycine soja*		Ⅱ
	烟豆	*Glycine tabacina*		Ⅱ
	短绒野大豆	*Glycine tomentlla*		Ⅱ
狸藻科		*Lentibulariaceae*		
	盾鳞狸藻	*Utricularia punctata*		Ⅱ
茨藻科		*Najadaceae*		
	高雄茨藻	*Najas browniana*		Ⅱ
	拟纤维茨藻	*Najas pseudogracillima*		Ⅱ
睡莲科		*Nymphaeaceae*		
	莼菜	*Brasenia schreberi*	Ⅰ	
	莲	*Nelumbo nucifera*		Ⅱ
	贵州萍蓬草	*Nuphar bornetii*		Ⅱ
	雪白睡莲	*Nymphaea candida*		Ⅱ
罂粟科		*Papaveraceae*		
	红花绿绒蒿[a]	*Meconopsis punicca*		Ⅱ
川苔草科		*Podostemaceae*		

（续）

中文名	拉丁名	保护级别	
		Ⅰ	Ⅱ
川藻（石蔓）	*Terniopsis sessilis*		Ⅱ
蓼科	*Polygonaceae*		
金荞麦	*Fagopyrum dibotrys*		Ⅱ
报春花科	*Primulaceae*		
羽叶点地梅	*Pomatosace filicula*		Ⅱ
冰沼草科	*Scheuchzeriaceae*		
冰沼草	*Scheuchzeria palustris*		Ⅱ
玄参科	*Scrophulariaceae*		
胡黄连[a]	*Neopicrorhiza scrophulariiflora*		Ⅱ
茄科	*Solanaceae*		
山莨菪[a]	*Anisodus tanguticus*		Ⅱ
黑三棱科	*Sparganiaceae*		
北方黑三棱	*Sparganium hyperboreum*		Ⅱ
菱科	*Trapaceae*		
野菱	*Trapa incise*		Ⅱ
伞行科	*Umbelliferae*		
珊瑚菜（北沙参）	*Glehnia littoralis*		Ⅱ
蓝藻 *Cyonophyta*			
念珠藻科	*Nostocaceae*		
发菜[a]	*Nostoc flagelliforme*	Ⅰ	
真菌 *Eumycophyta*			
麦角菌科	*Clavicipitaceae*		
虫草（冬虫夏草）[a]	*Cordyceps sinensis*		Ⅱ

注：a. 根据《国家林业和草原局　农业农村部公告》（2020 年第 8 号），发菜、冬虫夏草等 20 个国家重点保护野生植物物种的调查、采集、出售、收购、进出口等监督管理工作由农业农村主管部门划转至林业和草原主管部门。

二、野生植物物种分布数量测定

（一）实测法

通过将各分布点的目的物种分布面积、种群数量累加得到该物种分布面积、种群数量。

（二）样方法

1. 计算目的物种在某植物群落（生境）的出现度。公式如下：

$$F=\frac{n}{N_1+N_2} \tag{5-1}$$

式中：F 为目的物种在某植物群落（生境）的出现度；n 为在该植物群落（生境）的出现目的物种主、副样方（样圆）总数；N_1 为在该植物群落（生境）所设主样方（样圆）

数；N_2 为在该植物群落（生境）所设副样方（样圆）数。

2. 量算植物群落或生境面积 在不小于 1∶50 000 的比例尺地图或植被图上，对野外勾绘修正的目的物种所处植物群落的分布范围，输入计算机用 GIS 软件进行面积求算，或利用调查资料统计目的物种所处植物群落（生境）面积，单位为 hm^2。

3. 计算目的物种在某植物群落（生境）中分布单位面积数量（密度）。公式如下：

$$X=\frac{\sum N_i}{\sum S_i} \tag{5-2}$$

式中：X 为目的物种在某植物群落（生境）中分布密度，单位为株数/hm^2；N_i 为目的物种在第 i 样方（样圆）中的数量；S_i 为第 i 样方（样圆）的面积，单位为 hm^2。

4. 计算目的物种在某植物群落（生境）中总量。公式如下：

$$W=F\cdot X\cdot S \tag{5-3}$$

式中：W 为目的物种在某植物群落（生境）中的株数；F 为目的物种在某植物群落（生境）的出现度；X 为目的物种在某植物群落（生境）中的分布密度；S 为目的物种在某植物群落（生境）中的分布总面积。

（三）样带法

1. 植物群落或生境面积计算 在不小于 1∶50 000 的比例尺地图或植被图上，对野外勾绘修正的目的物种所处植物群落的分布范围，输入计算机用 GIS 软件进行面积求算，或利用调查资料统计目的物种所处植物群落（生境）面积，单位为 hm^2。

2. 计算种群（生境）密度。公式如下：

$$D=\frac{N}{2LA} \tag{5-4}$$

式中：D 为种群（生境）密度，单位为株/hm^2；N 为样带内目的物种株数；L 为样线总长度；A 为单侧样带宽度。

3. 计算某植物群落（生境）目的物种株数。公式如下：

$$W=D\cdot S \tag{5-5}$$

式中：W 为目的物种在该植物群落（生境）中的株数；D 为种群（生境）密度；S 为目的物种在该植物群落（生境）中分布的总面积。

（四）样线结合样方（样圆）法

1. 植物群落或生境面积计算 同样线（带）法。

2. 种群密度计算公式如下：

（1）样圆计算。

$$D=\frac{N}{n\pi R^2} \tag{5-6}$$

（2）样方计算。

$$D=\frac{N}{nL^2} \tag{5-7}$$

式中：D 为种群密度，单位为株/hm^2；N 为样线内目的物种株数；n 为样线内样圆个数；R 为样圆半径；L 为样方边长。

3. 某植物群落（生境）目的物种株数计算 同样线（带）法。

（五）系统抽样法

1. 目的物种分布面积及相关指标采用成数抽样计算公式。

（1）第 i 群落（生境）分布面积估计值。

$$\hat{A}_i = A\frac{n_i}{n} = Ap_i \tag{5-8}$$

式中：A 为总体面积；n_i 为第 i 群落（生境）样点数；n 为总样点数；p_i 为第 i 群落（生境）总体成数。

（2）第 i 群落（生境）分布面积的绝对误差限。

$$\Delta p_i = t_\alpha \sqrt{p_i\ (1-p_i)/(n-1)} \tag{5-9}$$

式中：t_α 为可靠性指标，当 α 取 95%水平时，$t_\alpha = 1.96$。

（3）分布面积的相对误差限。

$$E_{pi}\% = E_{Ai}\% = \Delta p_i / p_i = t_\alpha \sqrt{(1-p_i)/[p_i\ (n-1)]} \tag{5-10}$$

（4）分布面积的抽样精度。

$$P_c\% = 100 - E_{Ai}\% \tag{5-11}$$

（5）分布面积的绝对误差。

$$\Delta A_i = t_\alpha A \sqrt{p_i\ (1-p_i)/(n-1)} \tag{5-12}$$

2. 目的物种株树及相关指标采用简单抽样计算公式。

（1）总体平均数的估计值。

$$\hat{\overline{Y}} = \overline{y} = \frac{1}{n}\sum_{i=1}^{n} y_i \tag{5-13}$$

总体株数的估计值：

$$\hat{Y} = \frac{A \cdot \hat{\overline{Y}}}{n \cdot S} \tag{5-14}$$

式中：A 为总体面积；n 为样点数；S 为调查样点面积。

（2）抽样调查样本标准差。

$$S_y = \sqrt{\frac{1}{(n-1)}\left[\sum_{i=1}^{n} y_i^{\,2} - \frac{1}{n}\left(\sum_{i=1}^{n} y_i\right)^2\right]} \tag{5-15}$$

（3）抽样调查标准误差。

$$S_{\overline{y}} = S_y / \sqrt{n} \tag{5-16}$$

(4) 抽样调查绝对误差。

$$\Delta = t_{\alpha} \cdot S_{\bar{y}} \quad (5-17)$$

式中：t_{α} 为可靠性指标，当 α 取 95%水平时，$t_{\alpha}=1.96$。

(5) 抽样调查相对误差。

$$E\% = \Delta / \bar{y} \cdot 100\% \quad (5-18)$$

(6) 抽样调查精度。

$$P_c\% = (1-E) \cdot 100\% \quad (5-19)$$

三、野生植物自然保护区规划

(一) 术语与定义

1. 野生植物保护区 对有代表性的生态系统，珍稀濒危野生植物物种的天然集中分布区，依法划出一定面积，并由县级以上人民政府批准进行特殊保护和管理的区域。

2. 自然保护区总体规划 在对自然保护区的资源与环境特点、社会经济条件、资源保护与开发利用现状和潜在可能性等综合调查分析的基础上，明确自然保护区范围与面积、性质、类型、发展方向和一定时期内的发展规模与目标，制定一系列自然保护区行动计划与措施的过程。总体规划是一定时期内自然保护区建设和发展的指导性文件，可为协调自然保护区建设与制定发展目标，提供政策指导，为决策部门选择、确定项目提供依据，同时也为保护区制定管理计划和年度计划提供依据。

3. 核心区 自然保护区中各种自然生态系统保存最完整，主要保护对象及其原生地、栖息地、繁殖地集中分布，需要采取最严格管理措施的区域。

4. 缓冲区 为了缓冲外来干扰对核心区的影响，在核心区外划定的、只能进入从事科学研究观测活动的区域（地带），是自然性景观向人为影响下的自然景观过渡的区域。

5. 实验区 在自然保护区中为了探索自然资源保护与可持续利用有效结合的途径，在缓冲区外围区划出来适度集中建设和安排各种实验、教学实习、参观考察、经营项目与必要的办公、生产生活基础设施的区域。

6. 保护对象 自然保护区范围内依据国家、地方有关法律法规需要采取措施加以保护、严禁破坏的自然环境、自然资源与自然景观的总称。

(二) 功能区划

1. 区划要求

保护区内部按照主导功能差异分为核心区、缓冲区和实验区三个功能区。保护对象单一，实验和干扰活动少的自然保护区可以只划核心区与实验区或核心区与缓冲区。

(1) 核心区。自然保护区核心区划分应优先进行，要求：

① 核心区是自然生态系统保存最完整，保护对象及其原生地、栖息地、繁殖地集中分布的区域；

② 核心区面积应根据保护对象的生态学特性和对栖息地的要求确定，有利于系统内各种生物物种的生长和繁衍，使核心区构成一个有效的保护单元；

③ 一个自然保护区可以有一个或几个核心区；

④ 核心区与保护区总面积的最小比值原则上符合表 5-2 的要求。

表 5-2 野生植物自然保护区的核心区面积要求

类 型	超大型、大型	中型	小型
A类	20%	35%	40%
B类	25%	30%	35%

注：A类为生态系统，B类为野生生物类，保护区规模执行《自然保护区工程项目建设标准》的要求。

资料来源：LY/T 1819—2009。

（2）缓冲区。在核心区与实验区之间，或核心区与自然保护区外界应采用缓冲区（带）完全隔开。

下列情况下，允许核心区外露或边缘化：

① 外围是另一个自然保护区的核心区或缓冲区；

② 外界不是自然保护区但有良好的保护措施或处于良好的保护状态；

③ 边界有悬崖、峭壁、河流、沙漠、戈壁等，具有较好的自然隔离条件。

（3）实验区。实验区可以在自然环境与自然资源有效保护的前提下，探索合理利用自然资源的途径和方法。中型以上的自然保护区在实验区内可分为管理与生活区、科研实验区、参观旅游区、养殖种植区、居民生产生活区等。

2. 区划方法

功能区划可采用人工区划法、自然区划法和综合区划法。在地形起伏不大的丘陵地带，可采用以人工区划为主的综合区划法，即基本上采用人工区划，同时尽量利用自然界线（河流、山脊、沟谷等）。在地形起伏较大的山区，采用以自然区划为主的综合区划法。

功能区界的界定必须在现地进行，对照明显地物标志调绘到图面材料上，地面标志不明显的地方应采用必要的测绘手段辅助进行。

（三）规划目标与布局

1. 规划目标 包括规划期间定性和定量的发展目标。是制定项目规划和基本措施的依据。长期规划要有宏观目标，并按规划分期分解为若干阶段目标。规划目标应在自然保护区调查、分析和综合评价的基础上，结合自然保护区实际综合确定。既要考虑到国家、地方政府的承受能力和社区居民的发展需要，具有可行性，也应有利于自然保护区的健康发展，具有前瞻性。

2. 规划布局 核心区与缓冲区为保护区域，只能安排监测和科学观察性项目，建立必要的野外巡护、保护和科研观察设施；实验区为经营区域，可以适度集中建设和安排生产、生活和管理项目与设施，从事科学试验、教学实习、参观考察、生态旅游以及救护珍稀濒危野生植物等活动。

3. 项目规划 自然保护规划应最大限度地减少人为或外界对保护对象的干扰，对一切不利于保护管理的因素应积极予以消除。确属不能避免和消除的，应提出具体对策和防治措施。

自然保护区规划主要应明确以下内容：

（1）管护体系。包括管护站点、巡护路网和检查监管站点的布局调整等内容。应区划和明确自然保护区各管护站点的管辖范围、管护重点，管护站（点）一般最小管护面积执行表 5－3 规定；规划和调整野外巡护道路网、巡护点等野外巡护设施设备，制定科学的巡护制度；规划必要的野生植物检查站、检查哨卡等检查、瞭望、安全防护设施设备，制定检查制度。

表 5－3　管护站（点）管护面积指标表

单位：hm^2

保护区类型	A类		B类
	森林、湿地	荒漠、草原	野生植物
管护站	＞5 000	＞20 000	＞2 000
管护点	＞800	＞2 000	＞400

注：A 类为生态系统，B 类为野生生物类。巡护困难地区可以适当缩小。

资料来源：LY/T 1819—2009。

（2）确标定界。保护区境界和核心区界线应明确阐述，并设立保护区碑、区标，核心区标等明确的标志。

（3）防护措施。对危及自然保护区和主要保护对象生存、成长、繁衍的一切因素，如火灾、污染、病虫害、人为活动等，应提出封禁、观测、阻隔、检疫等预防及治理措施。

（4）生态移民。对已建自然保护区核心区的村镇，如政府同意迁出，可以迁至实验区或保护区以外，迁出有困难的可以引导改变有碍保护区的生产生活方式，并有严格的管理和保护措施。新建自然保护区不应将村镇划在核心区范围内。

（5）物种保护。应以就地保护措施为主，以栖息地保护和种群保护为重点。可以规划封山、封沟、禁采等严格保护的区域和封禁时段；条件恶劣地区可人为提供异地保护、人工繁殖、建种子库等防护条件。保护区严禁引入外来物种。

（6）基因保存。对于珍稀、濒危、独有的物种基因，应依据国家有关物种保护规划采取可行的就地、迁地或其他保存措施，建设相应的保存设施或保存基地。

4. 生态恢复　自然保护区生态恢复一般在实验区进行，应以自然力为主，辅以必要的人工措施，可以采用生态系统恢复和种群恢复两种途径。

（1）生态系统恢复。对正在退化或已遭到破坏的生态系统应根据各自生态系统的特点或退化与破坏程度，提出恢复、修复或重建措施。

① 森林生态系统主要采取退耕还林、封山育林、人工促进天然更新、仿天然生态系统造林等技术措施恢复、修复和重建，控制或缓解逆向演替。

② 湿地生态系统主要采取退田还湖、围堰蓄水、洼型水塘、种植水生植物、清除有害植物、控制水位等措施恢复、修复和重建。

③ 荒漠生态系统主要采取退牧（田）还林（草）、封山（沙）育林（草）、治沙造林、退牧还草，以及禁牧、休牧、轮牧、舍饲喂养等农牧措施恢复、修复和重建。

④ 草原生态系统主要采取退牧还草、人工补植种草，以及禁牧、减畜、休牧、轮牧、舍饲圈养等农牧措施恢复、修复和重建。

⑤ 对自然保护区内的有害外来生物应进行清除。

（2）种群恢复。种群恢复与发展必须在保护好现有资源条件下，采取自然恢复与人工诱导恢复相结合的原则进行。以主要保护对象为主，按照自然规律改善栖息地条件，扩大栖息地范围，积极增殖物种资源，扩大野外种群数量。

对趋于灭绝的物种按照国家有关物种保护规划有计划地采取拯救措施。

（四）科学研究规划

自然保护区科学研究应体现保护区的特色、有针对性、量力而行，主要依托和吸引外界科研力量，积极对外拓展，加强与国外科研、教学机构的合作，显著提高自然保护区科技协作或接待国内外科研人员的能力。

科研规划应明确：

（1）规划期内常规性和专题性研究任务或课题。

（2）科研项目的组织、管理和运行机制。

（3）科研人员的培训、管理。

（4）对外合作、交流计划。

（5）建立和完善资料库、技术档案和信息库。

（6）科研设施、设备规划应相对集中，以满足常规性科研任务需要为主。

（7）专项研究机构、博物馆、繁育野化研究基地等项目应符合国家宏观布局与管理的要求。

（五）宣传教育规划

保护区的宣传教育规划应明确：

1. 对象 宣传教育对象包括保护区内外两个方面。对内指对保护区职工的宣传教育、职业培训，对外指对社会的宣传，对社区群众的培训等。

2. 内容 宣传包括科普宣传、法制宣传和对本保护区的宣传等内容，教育包括职业培训、科普培训等。

3. 方式 采取标牌宣传、巡回宣传、展览宣传、媒介宣传、建立基地、网络技术、远程宣传等多种宣传形式，以及发动公众的广泛参与。

4. 设施设备 不同宣教方式分别规划相应的宣教设施建设方案。包括宣教基础设施；宣传牌（标）的数量、规格和设置位置；宣传材料印制数量；各种宣教设备数量与规格；宣教、展示和科普教育场馆的规模、位置；教学实习、参观考察的接待能力与设施等。

（六）社区发展与共建共管规划

包括以下内容：

（1）社区共建共管的组织形式、运作机制和重点内容。

（2）改进社区经济结构与经济发展模式，帮助社区控制人口的目标与措施。

（3）规划扶持社区发展的项目，应体现以居民自愿参加，以小型、微型项目为主，以改进生产生活基础设施条件为主的原则。

（七）自然资源可持续利用规划

重点包括以下内容：

1. 旅游资源评价 在对旅游资源与开发建设条件进行充分调查的基础上，进行生态旅游优势、自然景观资源（地文景观、水文景观、生物景观、天象景观）及人文景观资源（文物古迹、现代建筑、民俗风情）评价。

2. 环境容量分析 在保证旅游资源质量不下降和生态环境不退化的条件下，能够取得最佳经济效益，同时本着满足游客的舒适、安全、卫生和方便等旅游要求的原则，准确计算环境容量和游客数量，按照科学合理的环境容量控制游客规模。

3. 旅游主题定位、区划与项目规划 本着重在自然、贵在和谐、精在特色的原则，充分发挥当地景观资源特色，兼顾观景、游览、休憩、疗养、保健等多种功能，并与当地旅游规划相衔接，进行主题定位和景区功能区划。并根据区划确定旅游线路，适当安排旅游项目和游客中心、游道系统等基础设施建设。同时，进行游客服务和安全管理等设施、设备规划。

4. 生态旅游管理 有针对性地提出环境质量管理和控制措施，防治污染和其他公害；分别对生活废水、废弃物、废气规划有效的控制和治理方案；规划安全保障措施和预警救护方案；并针对景观、环境、文化等提出保护措施。

（八）基础设施与配套工程规划

局（站）址工程选址：国家级和跨县级以上行政区的地方级自然保护区管理局（处、所）、管理分局的地址应本着便于宏观管理、沟通信息和后勤保障社会化的原则，安排在就近中心城镇，远离城镇的自然保护区可以在附近城镇建立后勤保障基地或办事处，其他自然保护区管理机构宜就近安排在基础设施与后勤保障良好的城镇或乡镇。

管理站（所）址应靠近保护现场或保护区内及周边村镇，管理站址建设以管理办公用房和简单的职工食宿设施为主，一般不建生活配套设施。已建局（站）址，除确属不合理者外，不应搬迁或变更。

局（站）址建设内容：局（处、分局）址、站（所）址基础设施规划应优先满足各级管理机构业务、办公、科研、宣教等基本功能的需要。工程建设内容主要包括办公业务用房、辅助用房、场院工程设施。设有公安执法机构的局（所、站）址应建设执法业务用房。自然保护区的后勤保障应社会化，社会化困难时，生活区住房和辅助房屋设施可以包括职工住宅、文化室、医务室等。

局（分局、所、站）址办公业务用房包括办公、业务、会议、卫生间；管理站用房还可包括值班、职工活动用房（含单身职工宿舍）；辅助用房包括食堂、车库、仓库、传达室、采暖设施和配电设施等。其建设规模和主要技术经济指标执行《自然保护区工程项目建设标准》的规定。建筑物的结构造型、材料和装饰标准应有利于降低建设和维修费用，有利于节能和合理使用能源。

配套工程：

（1）道路。自然保护区内外部和管理局（处、所）与管理站之间应有机动车道，管理（保护）站和护林（管护）点之间有巡护便道连通。道路建设标准执行《自然保护区工程项目建设标准》的规定，技术指标执行《林区公路工程技术标准》有关规定。

（2）通信。自然保护区的各级管理机构，以及管理站（点）、检查站（卡）、瞭望台，以及生活区域、旅游服务区域应有良好的通信条件。通信线路严禁穿过核心区和易发生火灾的地区，人烟稀少地区的野外专业巡护可以配置卫星通信设备。

（3）供电。自然保护区内各级管理机构、生活区、旅游服务区可根据条件通电。供电或生活能源应开辟多种渠道，积极开发和利用沼气、太阳能、风能、水能等清洁能源，靠近城镇的局站址应连接公共电网。

（4）给排水。自然保护区的局、站管理机构所在地应因地制宜地解决饮用水问题。靠近城镇的局站址应连接公共水网，其他局站址可采用打井、蓄存引用山泉水等方式。水质符合《生活饮用水卫生标准》（GB 5749）的规定。自然保护区的生产生活区、旅游区等应根据废水类型、排放量规划废水处理方案与必要的设施设备，排放水质符合《地表水环境质量标准》（GB 3838）一类水质标准。

（5）其他。自然保护区应根据自身条件和需要规划供热、广播电视、“三废”处理、绿化美化、环境保护等配套工程。

（九）机构设置与人员编制规划

1. 机构设置规划应明确

（1）自然保护区管理机构的名称。国家级自然保护区管理机构称为“×××国家级自然保护区管理局”，地方级自然保护区管理机构名称由各地自行规定。

（2）自然保护区管理机构的隶属关系和行政级别。

（3）内部管理体系。国家级自然保护区内部实行二级或三级管理，管理局可下设管理站或保护站，规模大或巡护管理困难的保护区在局站之间设立管理分局（所）。地方级自然保护区实行二级管理或不分级管理。

（4）管理机构的内部职能机构及职能范围。保护区可设立保护、科研、经营、社区事务、行政等职能机构。

（5）执法机构。自然保护区所在地的公安机关应在国家级自然保护区设置公安分局或派出所等派出机构；在保护（管理）站设立派出所或派出公安人员；在地方级自然保护区设置派出所或派出公安人员。

2. 人员编制规划应按精简、高效的原则测算自然保护区的人员编制要求

分行政人员、技术人员（含科研、监测、科普教育）、直接管护人员和其他四种类型，以定岗、定员的方式测算；

（1）编制总量按《自然保护区工程项目建设标准》的要求控制；

（2）在总编制中，行政人员不超过人员总数的20%，技术人员不低于人员总数的30%，直接管护人员不低于人员总数的60%；

（3）直接从事多种经营、生态旅游等经营性或服务性的人员不列入自然保护区正式编制；

（4）行政管理、技术人员、检查站、野外巡护负责人等关键岗位人员必须进行岗前培训，持证上岗，定期考察。

（十）投资估算与效益分析

1. 投资估算

投资估算应根据当地基础设施工程造价和调查的有关市场参考价等确定估算技术经济指标，依据规划设计各项目的任务量分项目、分性质进行投资估算，并根据规划分期安排建设资金。公益性建设项目应明确国家和地方的投资比例，经营性项目提出可行的筹资方案。

自然保护区建设属于社会公益事业，属于保护性质的保护、恢复、科研、监测、宣教和基础设施建设。项目建设资金主要来源于国家和地方政府的财政资金，属于经营性质的建设项目主要通过自筹解决。按照事权划分的原则，国家级自然保护区的建设资金以国家投入为主，地方进行配套。积极鼓励国内外组织和个人进行捐赠，用于自然保护区的建设和管理。

事业费测算。总体规划应对自然保护区规划期内的事业费进行测算。依据保护区事业费支出现状，以及保护区组织机构调整和编制情况，分别对工资、职工福利费、社会保障费、公务费逐项进行测算，并视工资水平、物价指数变动情况，逐年予以调整。

2. 效益分析

（1）生态效益分析。生态效益分析主要侧重于工程项目建设完成后将对生态环境产生的积极影响。包括对自然生态系统恢复、调节气候、涵养水源、保持水土、减缓洪峰、净化空气、受保护物种的种群统计学、种群遗传多样性、栖息地恢复、生物多样性、荒漠化减缓、湿地得到保护等方面进行定量或定性的评价。

（2）社会效益分析。社会效益分析主要侧重于工程项目的建设在提高社会与公众的环境保护意识，增加科学研究、展示与认识自然、科普教育的机会，改善当地人民生产、生活方式与条件，保障当地社区社会经济可持续发展等方面可能产生的效益。可以采用定性分析与定量分析相结合的方法，以定性描述为主。

（3）经济效益分析。自然保护区生态旅游、资源可持续利用等经营性项目应进行经济效益的分析与评价。

（十一）规划文件组成

总体规划文件由以下四部分组成：总体规划说明书；规划附表；规划附图；自然保护区重点保护野生动植物名录，建立及规范自然保护区的有关法律法规和政策文件，总体规划专家评审意见等附件。

第三节　农业野生植物资源监测

一、监测点设置

在农业野生植物原生境点内，根据保护区的面积随机设置 20～30 个监测点，根据目标物种和伴生物种的种类、生活习性和分布状况，划分圆形或正方形样圆（方），样圆直径为 1 m、2 m 或 5 m，样方边长为 1 m、2 m、5 m 或 10 m。

在农业野生植物原生境点外不设监测点，对其周边影响其生长的环境和人为活动进行监测，如林地、荒地、农田的土壤、水体、大气质量、污染等进行定时选点取样监测。

二、监测时间

每年定期两次监测，分别在目标植物生长旺盛期和成熟期进行，如遇突发事件如泥石流、滑坡或火灾等灾害及旱涝、台风或冰冻等极端天气，应每天进行监测。

三、基础调查跟踪监测

农业野生植物原生境保护点建成当年，对保护点植物资源与环境状况进行调查，获得基础数据，此后每年相同时间按照相同的方法继续对保护点内资源与环境进行调查。

（一）监测信息与数据整理

每年及时对监测信息与数据进行整理，并与保护点建设当年的基础数据进行对比，对差异明显的项目，进行重复监测，确有差异，分析造成差异的原因，并预测是否对目标物种生存构成威胁。

（二）预警方案

预警等级划分为一般性预警和应急性预警两类。一般性预警为针对监测发现的问题，提出应对策略与采取措施的具体建议，并逐级上报，上级主管部门应及时对上报问题进行分析，并提出处理意见与措施。应急性预警为遇突发事件如泥石流、滑坡或火灾等灾害及旱涝、台风或冰冻等极端天气，及时对监测数据与信息进行分析，并直接上报国家主管部门，国家主管部门对上报信息进行分析，提出处理意见与应急措施，并及时指导应急措施实施。

（三）信息监测

1. 目标物种分布面积监测 监测人员手持 GPS，沿保护点内目标物种分布进行环走，得到闭合轨迹面积即为目标物种分布面积，单位为 hm^2。

2. 目标物种种类数测定监测 根据植物分类法，统计保护点内列入《国家重点保护农业野生植物名录》植物的科、属、种及数量。

3. 每个目标物种的数量 统计每个样方（圆）中各目标物种的数量，计算所有样方（圆）中各目标物种的平均数量，根据目标物种分布面积和样方（圆）面积的比例，获得各目标物种在保护点内的数量，单位：株、棵（苗）。

4. 伴生植物种类数量 根据植物分类法，统计保护点内伴生植物的科、属、种及数量，当保护点内有一个以上目标物种时，则与目标物种间互为伴生植物。

5. 伴生植物数量 测定方法同每个目标物种数量测定，计算伴生物种的数量，再根据伴生物种的数量计算所有伴生物种的总数，单位：株、棵（苗）。

6. 目标物种的丰度监测 根据保护点内所有目标物种及伴生物种的数量，计算每个目标物种的数量占所有植物数量的百分比，即得到目标物种的丰度。

7. 目标物种生长状况 采用目测法，用好、中、差进行描述。其中："好"表示75%以上目标物种生长发育良好；"中"表示50%～75%目标物种生长发育良好；"差"表示低于50%目标物种生长发育良好。

8. 环境监测 对保护点内及其周边的环境和人为活动进行监测，如对林地、荒地、农田的土壤、水体、大气质量、污染等进行监测。监测各因素的变化动态，并评估其对目标物种正常生长的威胁程度。

9. 气象监测 记录保护点所在地当年降水量、活动积温、平均温度、最高温度、最低温度、自然灾害发生情况等。对每年气象数据及自然灾害记录进行分析，并评估其对目标物种生长造成的影响。

10. 污染物监测 调查保护点及周边是否存在地表污染物，若存在废渣、废液、废气等污染物，查清来源，并采样进行检测。

11. 人为活动监测 随时了解保护点及周边人为活动状况，如出现采挖、过度放牧、砍伐、火烧等破坏行为，及时统计破坏面积，并分析其危害程度。

12. 监测数据库建立 根据监测所获得的数据和信息，填写监测表，建立资源数据库。

13. 监测数据和信息保存 每次监测活动完成后，及时更新资源数据库，并整理数据和信息，分别保存一份电子版和纸质版。

14. 监测报告编制 对每个目标物种监测状况进行现状与趋势分析，评价保护措施与对策的效果，提出下一步工作计划与建议，形成报告书，定期提交给上级部门。并认真填写保存好表5-4、表5-5。

表5-4 农业野生植物原生境保护点监测内容

保护点名称					调查时间		年 月 日	
所在地				调查人		联系电话		
监测结果								
人为破坏	采伐□		放牧□	偷牧□		砍伐□	火烧□	
受损面积								
其他因素	废渣□		道路□	广场□		建筑物□	水利设施□	
数量及描述								
废水监测								
项目	单位	监测点 1	监测点 2	监测点 3	监测点 4	监测点 5	监测方法	备注
悬浮物								
pH								
盐度								
总氮								
总磷								
有机氯农药								
有机磷农药								
废气监测								
飘尘								
总悬浮颗粒数	mg/m^3							

资料来源：NY/T 2216—2012。

表5-5 农业野生植物原生境保护点监测内容

保护点名称			调查时间	年 月 日
所在地		调查人		联系电话	
分布面积/hm^2					
受灾率		成灾率			
≥10 ℃年积温		年平均降雨量/mm			

（续）

目标物种	中文名	所属科、属	数量 （株或苗）	生长状况	丰度	备注
物种 1						
物种 2						
物种 3						
…						
伴生物种	中文名	所属科、属	数量 （株或苗）	生长状况	丰度	备注
物种 1						
物种 2						
…						
评价和建议						

资料来源：NY/T 2216—2012。

思考题

1. 简述种群分布类型与格局？
2. 试述种群分布点与分布区确定关键流程？
3. 简述野生植物自然保护区内部结构及各功能分区划分要求？

第六章 外来入侵生物防控

我国幅员辽阔，自然条件复杂多样，分布着丰富的农业野生物种，由于外来物种的入侵，一些具有重要生态、经济价值的物种急剧减少，甚至消失，给农业生产造成严重损失。因此，迫切需要对外来入侵生物进行监测与风险评估，为采取有效的防控措施，提供基础信息。本章主要介绍了外来入侵物种调查与防控相关知识。

第一节 外来入侵生物普查

一、外来入侵生物名录与识别

目前在我国常年大面积发生危害的外来物种已达120多种，其中超过80%入侵到农业生态系统中。每年仅空心莲子草、凤眼莲等20种主要农业外来入侵物种造成的经济损失就高达数百亿元人民币。为加强外来入侵生物管理，防范外来有害生物传播危害，保障我国生态安全、农业生产和人民健康，促进我国经济社会可持续发展，农业部（现农业农村部）于2013年发布了《国家重点管理外来物种名录（第一批）》（农业部公告第1897号）。本节内容主要介绍了名录中包含的52种外来入侵物种，以及其中部分较为典型的、大面积发生危害的物种的识别方法。

（一）外来入侵物种名录

第一批国家重点管理外来入侵物种名录包括紫茎泽兰、空心莲子草等52种已对我国生物多样性和生态环境造成严重危害的外来入侵物种，涉及植物21种，动物26种，微生物5种。名录包括入侵物种的中文名（部分俗名）和拉丁名，具体见表6-1。

表6-1 国家重点管理外来入侵物种名录（第一批）

序号	中文名	拉丁名
1	节节麦	*Aegilops tauschii* Coss.
2	紫茎泽兰	*Ageratina adenophora* (Spreng.) King & H. Rob. (= *Eupatorium adenophorum* Spreng.)
3	水花生（空心莲子草）	*Alternanthera philoxeroides* (Mart.) Griseb.
4	长芒苋	*Amaranthus palmeri* Watson

（续）

序号	中文名	拉丁名
5	刺苋	*Amaranthus spinosus* L.
6	豚草	*Ambrosia artemisiifolia* L.
7	三裂叶豚草	*Ambrosia trifida* L.
8	少花蒺藜草	*Cenchrus spinifex*. Cay
9	飞机草	*Chromolaena odorata*（L.）R. M. King & H. Rob.（= *Eupatorium odoratum* L.）
10	水葫芦（凤眼莲）	*Eichhornia crassipes*（Martius）Solms-Laubach
11	黄顶菊	*Flaveria bidentis*（L.）Kuntze
12	马缨丹	*Lantana camara* L.
13	毒麦	*Lolium temulentum* L.
14	薇甘菊	*Mikania micrantha* Kunth ex H. K. B.
15	银胶菊	*Parthenium hysterophorus* L.
16	大薸	*Pistia stratiotes* L.
17	假臭草	*Praxelis clematidea*（Griseb.）R. M. King et H. Rob.（= *Eupatorium catarium* Veldkamp）
18	刺萼龙葵	*Solanum rostratum* Dunal
19	加拿大一枝黄花	*Solidago canadensis* L.
20	假高粱	*Sorghum halepense*（L.）Per
21	互花米草	*Spartina alterniflora* Loisel
22	非洲大蜗牛	*Achatina fulica*（Bowdich）
23	福寿螺	*Pomacea canaliculata*（Lamarck）
24	纳氏锯脂鲤（食人鲳）	*Pygocentrus nattereri* Kner
25	牛蛙	*Rana catesbeiana* Shaw
26	巴西龟	*Trachemys scripta elegans*（Wied-Neuwied）
27	螺旋粉虱	*Aleurodicus dispersus* Russell
28	桔小实蝇	*Bactrocera*（*Bactrocera*）*dorsalis*（Hendel）
29	瓜实蝇	*Bactrocera*（*Zeugodacus*）*cucurbitae*（Coquillett）
30	烟粉虱	*Bemisia tabaci* Gennadius
31	椰心叶甲	*Brontispa longissima*（Gestro）
32	枣实蝇	*Carpomya vesuviana* Costa
33	悬铃木方翅网蝽	*Corythucha ciliata* Say
34	苹果蠹蛾	*Cydia pomonella*（L.）
35	红脂大小蠹	*Dendroctonus valens* LeConte
36	西花蓟马	*Frankliniella occidentalis* Pergande

（续）

序号	中文名	拉丁名
37	松突圆蚧	*Hemiberlesia pitysophila* Takagi
38	美国白蛾	*Hyphantria cunea* (Drury)
39	马铃薯甲虫	*Leptinotarsa decemlineata* (Say)
40	桉树枝瘿姬小蜂	*Leptocybe invasa* Fisher & LaSalle
41	美洲斑潜蝇	*Liriomyza sativae* Blanchard
42	三叶草斑潜蝇	*Liriomyza trifolii* (Burgess)
43	稻水象甲	*Lissorhoptrus oryzophilus* Kuschel
44	扶桑绵粉蚧	*Phenacoccus solenopsis* Tinsley
45	刺桐姬小蜂	*Quadrastichus erythrinae* Kim
46	红棕象甲	*Rhynchophorus ferrugineus* Olivier
47	红火蚁	*Solenopsis invicta* Buren
48	松材线虫	*Bursaphelenchus xylophilus* (Steiner & Bührer) Nickle
49	香蕉穿孔线虫	*Radopholus similis* (Cobb) Thorne
50	尖镰孢古巴专化型4号小种	*Fusarium oxysporum* f. sp. *cubense* Schlechtend (Smith) Snyder & Hansen Race 4
51	大豆疫霉病菌	*Phytophthora sojae* Kaufmann & Gerdemann
52	番茄细菌性溃疡病菌	*Clavibacter michiganensis* subsp. *michiganensis* (Smith) Davis et al.

资料来源：农业部公告1897号。

（二）重点外来入侵物种的识别

1. 外来入侵植物的识别 外来入侵植物识别主要从形态特征、地理分布、危害对象、发生时期、危害症状等进行对比识别。其形态特征、地理分布、危害对象、发生时期、危害症状可通过相关资料获得。现以在我国造成大面积严重危害的十几种外来入侵植物为例，介绍对自然界中入侵植物种识别的主要方法。

（1）紫茎泽兰。

鉴别特征：主要分布于云南、贵州、四川、广西、西藏等地，为菊科、泽兰属多年生草本或成半灌木状植物。植株高0.5～2.5 m，分枝对生、斜上。茎紫色，被白色或锈色腺状短柔毛。叶绿色对生，叶片质薄，卵状三角形，边缘具粗锯齿。头状花序，直径6 mm，排成伞房状，总苞片3～4层，小花白色。花期11月至翌年4月，结果期3—4月。具体形态见图6-1。

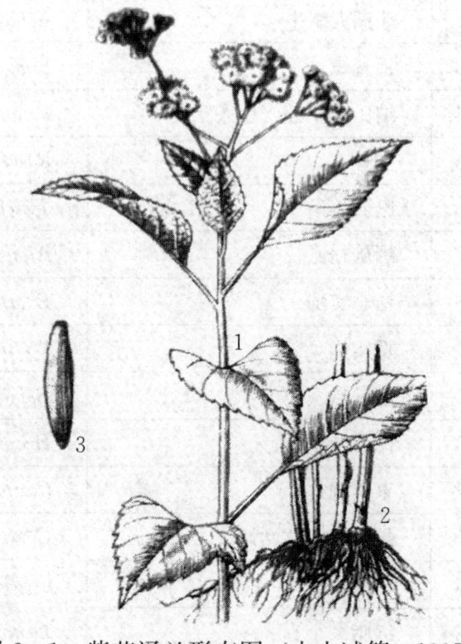

图6-1 紫茎泽兰形态图（史志诚等，1997）
1. 植株 2. 根 3. 种子

主要危害：紫茎泽兰侵占农田、林地，与农作物和林木争夺肥、水、阳光和空间，造成粮食作物、经济作物和经济林木减产减收，是农林生产的大敌。紫茎泽兰具有带纤毛的种子和花粉，可引起马属动物的哮喘病，尤其是纤毛种子被马属动物吸入后可直接钻入气管和肺部，导致组织坏死和死亡。

（2）空心莲子草。

鉴别特征：空心莲子草主要分布于云南、四川、贵州、广东、广西、福建、江西、江苏、上海、湖南、湖北、安徽等地，为苋科、莲子草属多年生植物。茎基部匍匐，上部伸展，中空，有分枝，节腋处疏生细柔毛。叶对生，长圆状倒卵形或倒卵状披针形，先端圆钝，有芒尖，基部渐狭，表面有贴生毛，边缘有睫毛。头状花序单生于叶腋，总花梗长1～6 cm；苞片和小苞片干膜质，宿存；花被片5，白色，不等大；雄蕊5，基部合生成杯状，退化雄蕊顶端分裂成3～4窄条；子房倒卵形，柱头头状。具体形态见图6-2。

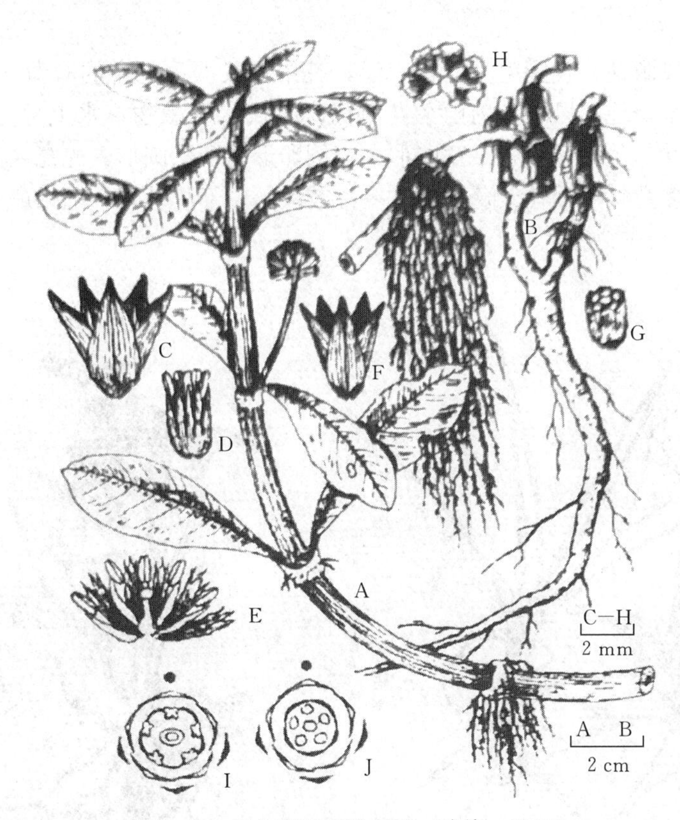

图6-2　空心莲子草形态图（陈倬，1964）

A、B. 茎　C、D. 正常的两性花　E. C图、D图的展开，示雌蕊与具药雄蕊和无药雄蕊　F. 雄蕊雌化的花　G. 除去花被的雌化花，示5枚雄蕊已退化；无药雄蕊于外口连合成一轮　H. G的展开　I. 正常两性花的花式图，示具药雄蕊与无药雄蕊为一轮的3轮花　J. 雄蕊雌化花的花式图，示无药雄蕊自成一轮的4轮花

主要危害：空心莲子草俗称水花生，繁殖速度极快，容易阻塞航道，影响水上交通；排挤其他植物，使群落物种单一化；覆盖水面，影响鱼类生长和捕捞；危害农田作物，使产量受损；在田间沟渠大量繁殖，影响农田排灌；入侵湿地、草坪，破坏景观；孳生蚊虫，危害人类健康。

(3) 少花蒺藜草。

鉴别特征：少花蒺藜草主要分布于辽宁、内蒙古、吉林等地，为禾本科、蒺藜草属一年生草本植物。高 15～50 cm，秆扁圆形，基部屈膝或横卧地面而于节上生根，下部各节常分枝。叶狭长（和稻叶很像），叶长 5～40 cm，叶宽 3～10 mm，叶鞘具脊，叶舌短，具纤毛。总状花序顶生，长 3～10 cm，穗轴粗糙；小穗 2～6 个，包藏在由多数不育小枝形成的球形刺苞内，椭圆状披针形，渐尖，长 4.5～7.0 mm，由 2 朵小花组成，1 朵雄性或中性，1 朵两性。刺苞总梗密被短毛。具体形态见图 6-3。

主要危害：少花蒺藜草刺苞常被牲畜吞食造成机械性损伤，使羊群不同程度地发生乳房炎、阴囊炎、蹄甲炎及跛行，严重时引起死亡，对羊毛的产量和质量也造成了严重的影响。其形成单一的群落，致使人畜难行，给农事操作带来很多不便，降低了农事操作效率，增加了投入成本。

(4) 凤眼莲。

鉴别特征：凤眼莲在我国南方分布广泛，其中造成严重危害的有浙江、福建、台湾、云南、广东、海南等地。凤眼莲为雨久花科凤眼莲属水生植物，水上部分高 30～60 cm。茎具长匍匐枝。叶基生呈莲座状，宽卵形、宽倒卵形至肾状圆形，光亮，具弧形脉，叶柄中部膨大，内有多数气室。花紫色，上方一片较大，中部具黄斑。蒴果卵形。具体形态见图 6-4。

图 6-3 少花蒺藜草形态图（付卫东等，2017）

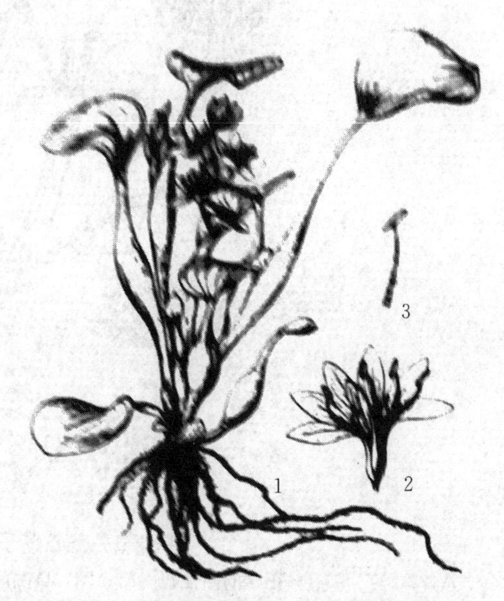

图 6-4 凤眼莲形态图（《中国植物志》）
1. 植株 2. 花 3. 雌蕊

主要危害：凤眼莲俗称水葫芦，会堵塞河道、影响航运、阻碍排灌、降低水产品产量；与本地水生植物竞争阳光、水分、营养和生长空间，破坏本地水生生态系统，威胁本地生物多样性；植株大量吸附重金属等有毒物质，死亡后沉入水底，产生对水质的二次污染；大面积覆盖水面，影响周围居民和牲畜生活用水，孳生蚊蝇，对人们的健康构成了威胁。

（5）薇甘菊。

鉴别特征：薇甘菊主要分布于广东、云南、广西、香港、澳门、台湾等地，为菊科、假泽兰属多年生植物。茎细长，匍匐或攀缘，多分枝，被短柔毛或近无毛。茎中部叶三角状卵形至卵形，基部心形，边缘具数个粗齿或浅波状圆锯齿，两面无毛；头状花序多数，在枝端常排成复伞房花序状，顶部的头状花序花先开放，依次向下逐渐开放，头状花序含小花4朵，全为结实的两性花，总苞片4枚，狭长椭圆形，总苞基部有一线状椭圆形的小苞叶（外苞片），花有香气；花冠白色，脊状，檐部钟状，5齿裂，瘦果黑色，被毛，具5棱。具体形态见图6-5。

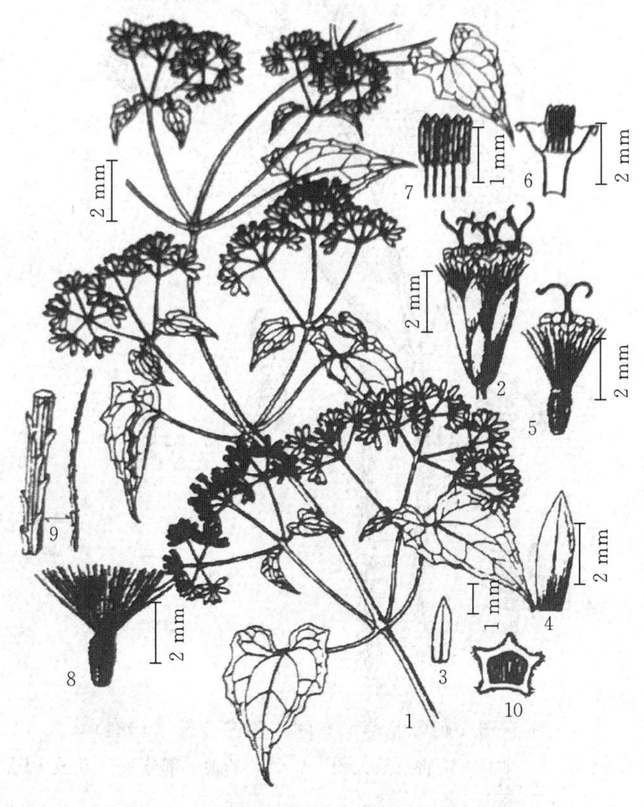

图6-5 薇甘菊形态图（孔国辉等，2000）

1. 植株一部分 2. 头状花序 3. 小苞叶（外苞片） 4. 总苞片 5. 两性花 6. 花冠展开示雄蕊着生 7. 展开的雄蕊群 8. 瘦果 9. 冠毛及局部放大 10. 瘦果横切面示棱及毛

主要危害：薇甘菊生长迅速，茎节随时可以生根并繁殖，种子产量大，能快速传播并占据生境，缠绕和覆盖本地植物，致其大面积死亡，对森林、农田、经济作物甚至园林绿化产生巨大的危害，给受害地区带来巨大的经济损失和生态损失。

（6）刺萼龙葵。

鉴别特征：刺萼龙葵主要分布于辽宁、吉林、山西、内蒙古、北京、新疆、河北等地，为茄科、茄属一年生植物。茎直立，植株上半部分有分支，类似灌木。全株高15～60 cm，表面有毛，带有黄色的硬刺。其叶片深裂为5～7个裂片，具刺；叶长为5～12.5 cm，轮生，具柄，有星状毛；中脉和叶柄处多刺。花萼具刺，花黄色，花冠5裂。具体形态见图6-6。

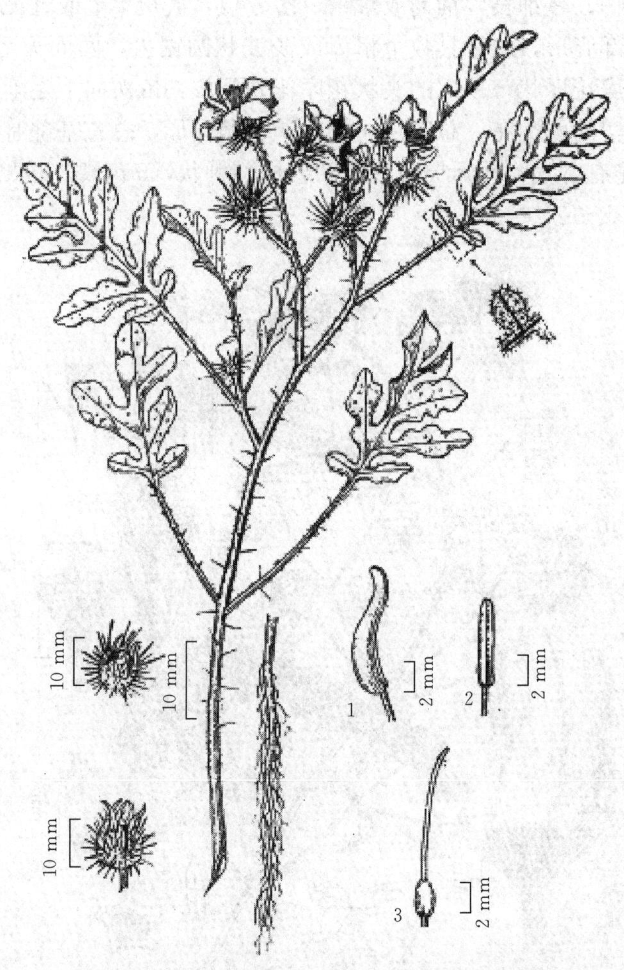

图6-6 刺萼龙葵形态图（关广清等，1984）

1. 幼苗 2. 种子 3. 种子放大图 4. 具花的地上部分 5. 花放大图

主要危害：刺萼龙葵生长后迅速繁殖排挤其他植物，建成单一群落，消耗土壤养分，导致土地荒芜；全株具刺，能产生对中枢神经系统尤其对呼吸中枢有显著麻醉作用的神经毒素——茄碱，牲畜食用后会导致中毒甚至死亡，人的皮肤接触它的毛刺后导致皮肤红肿、瘙痒。它是我国一类检疫对象马铃薯甲虫和马铃薯金线虫的主要寄主。

(7) 飞机草。

鉴别特征：飞机草主要分布于四川、云南、贵州、广西、广东、海南、香港、台湾等地区，为菊科、香泽兰属多年生草本植物。植株高达3～7 m，根茎粗壮，茎直立，分支伸展；叶对生，呈卵状三角形，先端短而尖，边缘有锯齿，呈明显三脉，两面粗糙，被柔毛及红褐色腺，挤碎后散发刺激性气味；头状花序排成伞房状；总苞圆柱状，长约1 cm，总苞片3～4层；花冠管状，淡黄色；柱头粉红色；瘦果狭线形，有棱，长5 mm，棱上有短硬毛；冠毛灰白色，有糙毛。具体形态见图 6-7。

主要危害：飞机草占领生境后迅速扩散蔓延，抢夺其他植物的生存空间和土壤营养，分泌感化物质，排挤本地植物，使草场失去利用价值，影响林木生长和更新，破坏植物多样性，威胁生态系统稳定性。同时，它的叶含有毒素，能够引起人的皮肤炎症和过敏性疾病。人类误食嫩叶会引起头晕、呕吐，家禽、家畜和鱼类误食也会引起中毒。

图 6-7 飞机草形态图（《中国植物志》）

（8）黄顶菊。

鉴别特征：黄顶菊为菊科、黄菊属一年生草本植物。株高 20～100 cm，条件适宜的地段株高可达 180～250 cm，最高的可达到 3 m 左右。生长迅速，枝繁叶茂，11 月份后，植株开始干枯。茎直立、紫色，茎上带短绒毛。叶子交互对生，长椭圆形，长 6～18 cm、宽 2.5～4.0 cm，叶边缘有稀疏而整齐的锯齿，基部生 3 条平行叶脉。主茎及侧枝顶端上有密密麻麻的黄色花序，头状花序聚集顶端密集成蝎尾状聚伞花序，花冠鲜艳，花鲜黄色，非常醒目。其头状花序多数于主枝及分枝顶端密集成蝎尾状，由很多个只有米粒大小的花朵组成，每一朵花可以产生一粒瘦果，无冠毛。一粒果实中有一粒种子，种子为黑色，极小，每粒大小仅 1.0～3.6 mm，可依托自然力（风、水等）和人类活动传播，扩散蔓延的速度快。黄顶菊结实量多，一株黄顶菊最多可结 12 万粒种子，花果期夏季至秋季。具体形态见图 6-8。

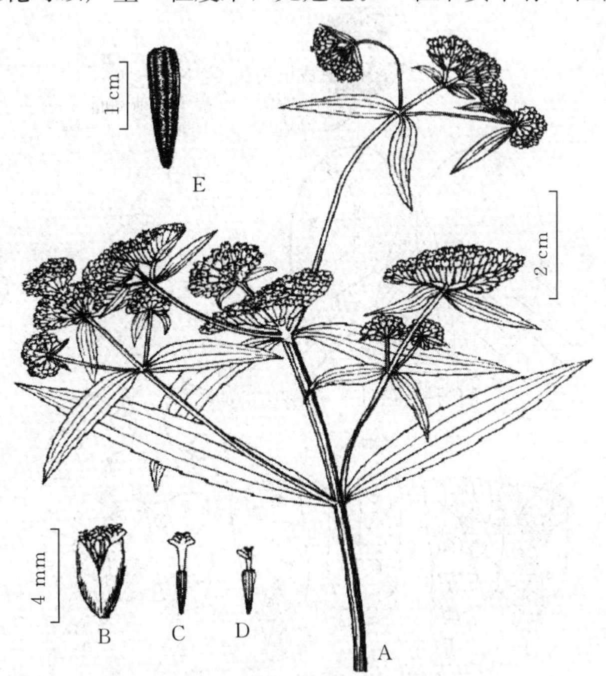

图 6-8 黄顶菊形态图（刘全儒，2005）

A. 花枝 B. 头状花序 C. 管状花 D. 舌状花 E. 瘦果

主要危害：黄顶菊原产于南美洲巴西、阿根廷等国家，2001 年在中国首次发现，目前在天津、河北、山东等地均有发生。根据黄顶菊原产地及其传播入侵区域的生态环境条件，可以判定黄顶菊在中国的适宜生长区域较为广泛，中国的华北、华中、华东、华南及沿海地区都有可能成为黄顶菊入侵的重点区域。黄顶菊与周围植物争夺阳光和养分，扩散蔓延迅速，严重挤占本地植物的生存空间，形成单一群落，影响其他植物的生长，破坏生物多样性。黄顶菊入侵农田会威胁小麦、玉米、大豆等作物的生长，危害农牧业生产及生态环境安全。

2. 外来入侵昆虫的识别 外来入侵昆虫识别也主要从形态特征、地理分布、危害对象、发生时期、危害症状等进行对比识别。其形态特征、地理分布、危害对象、发生时期、危害症状可通过相关资料获得。以在我国造成大面积危害的几种外来入侵昆虫为例，介绍对自然界中入侵昆虫的识别方法。

（1）苹果蠹蛾。

鉴别特征：苹果蠹蛾主要分布于新疆、甘肃等地，为鳞翅目、卷蛾科、小卷蛾属昆虫。成虫体长 8 mm，翅展 19～20 mm，全体黑褐色而带紫色金属光泽。前翅颜色可明显分为 3 区。雄虫沿中室后缘有一条黑色鳞片，雌虫翅缰 4 根，雄虫仅 1 根。卵椭圆形，扁平，中部略隆起，黄色。初孵幼虫为白色，老熟幼虫头部黄褐色，前胸呈淡黄色并有较规则的褐色斑点。蛹长 7～10 mm，黄褐色，雌雄蛹肛门两侧各有 2 根钩状毛。具体形态见图 6-9。

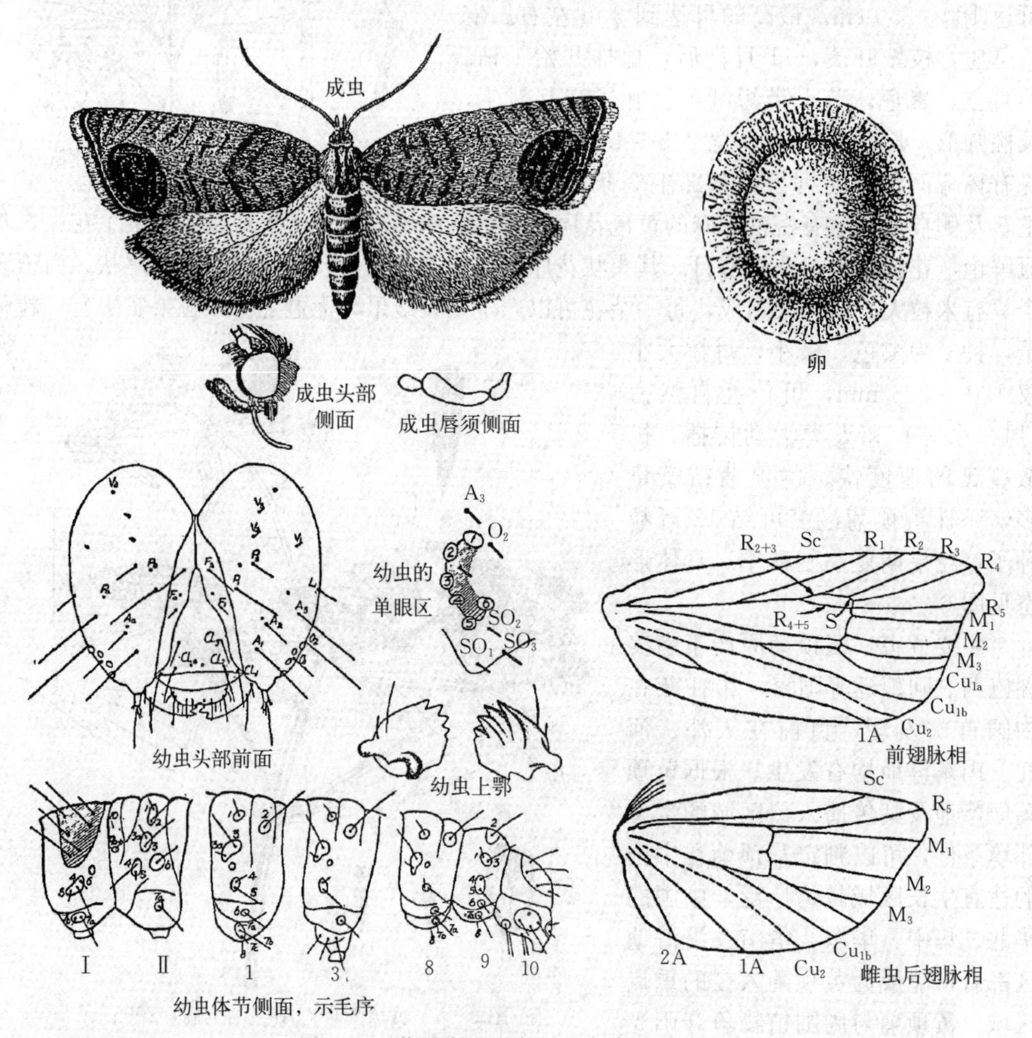

图 6-9 苹果蠹蛾形态图（张学祖，1957）

主要危害：苹果蠹蛾是世界上最严重的蛀果害虫之一，危害的寄主植物有苹果、花红、海棠花、沙梨、香梨、榅桲、山楂、野山楂、李、杏、扁桃、桃、胡桃、石榴等二十余种水果。该虫以幼虫蛀食苹果、梨、杏等的果实，造成大量虫害果，并导致果实成熟前脱落和腐烂，1头幼虫往往蛀食两个或两个以上的果实。在新疆第一代幼虫对苹果和沙果的蛀果率普遍在20%以上，受害严重者可达70%～100%。在我国新疆平均受害果率为41.34%（10.60%～72.28%）。

（2）美洲斑潜蝇。

鉴别特征：美洲斑潜蝇几乎遍布全国所有省、市、区，为双翅目、潜蝇科、斑潜蝇属昆虫。成虫体形较小，头部黄色，眼后眶黑色；中胸背板黑色光亮，中胸侧板大部分黄色；足黄色；卵椭圆形，长径为0.2～0.3 mm，短径为0.10～0.15 mm，乳白色，略透明；幼虫蛆状，初孵化近无色，渐变淡黄绿色，后期变为鲜黄或浅橙色至橙黄色，长约3 mm；后气门突呈近圆锥状突起，顶端三分叉，各具一个小孔开口，两端的突起呈长形，共3龄；蛹椭圆形，围蛹，腹面稍扁平，长1.3～2.3 mm，宽0.5～0.7 mm，椭圆形，橙黄色。后气门突与幼虫相同。脱出叶外化蛹。具体形态见图6-10。

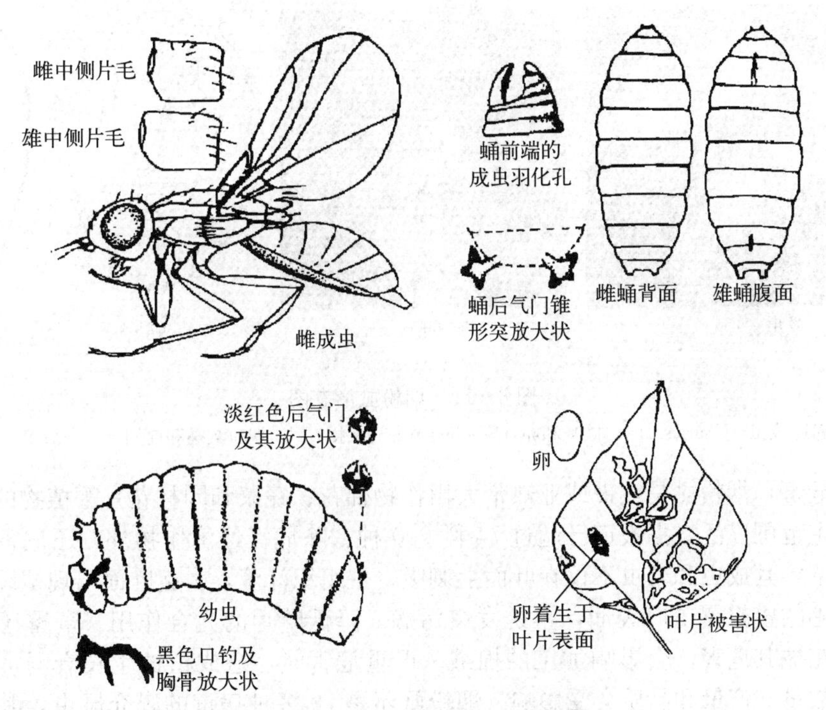

图6-10 美洲斑潜蝇形态图（宋慧英等，2000）

主要危害：美洲斑潜蝇繁殖能力强，世代短，成虫和幼虫均可造成危害，可危害13个科110多种植物，尤其喜欢豆科、葫芦科、茄科作物，如芸豆、豆角、黄瓜、甜瓜、丝瓜、西葫芦、番茄、茄子等。它们对植物的危害和影响主要有：①传播疾病；②使幼苗死亡；③导致减产；④加速落叶；⑤降低植物观赏价值；⑥使一些不需要检疫的植物进行检疫。成虫产卵、取食都能造成危害。雌虫刺破叶片上的表皮，舔食汁液，并在其中产卵。雄虫虽不刺伤叶片，但也在被雌虫刺伤过的叶片伤孔中取食汁液。成虫的取食、产卵使叶表面留下许多白色的斑痕，使叶片水分大量蒸发；刺孔破坏叶肉细胞和叶绿素，导致叶片枯黄，光合作用面积减少；同时，由于有伤口存在，容易使病菌侵入，造成病害的发生和流行。

（3）烟粉虱。

鉴别特征：烟粉虱广泛分布于我国北京、天津、河北、河南、山东、山西、安徽、湖北、湖南、新疆、甘肃、陕西、云南、贵州、四川、江苏、上海、浙江、广西、广东、福建、海南、台湾等地，为半翅目、粉虱科、小粉虱属昆虫。雌虫体长（0.91±0.04）mm，翅展（2.13±0.06）mm；雄虫体长（0.85±0.05）mm，翅展（1.81±0.06）mm。虫体淡黄白色到白色，复眼红色。翅白色无斑点，被有蜡粉。卵椭圆形，有小柄，卵柄通过产卵器插入叶内，卵初产时淡黄绿色，孵化前颜色加深。若虫椭圆形。1龄体长约0.27 mm，宽0.14 mm，2、3龄体长分别约为0.36 mm和0.50 mm。伪蛹（4龄若虫）淡绿色或黄色，长0.6～0.9 mm；蛹壳边缘扁薄或自然下陷无周缘蜡丝；蛹背蜡丝有无常随寄主而异。具体形态见图6-11。

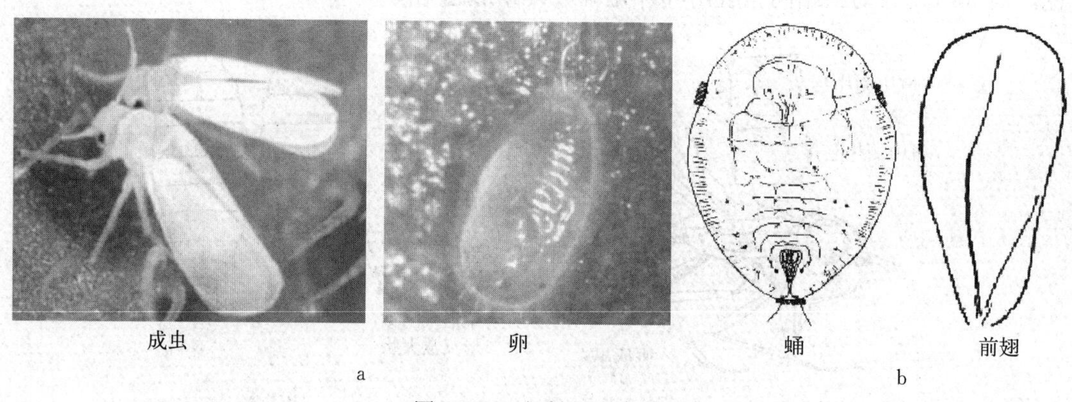

图6-11　烟粉虱形态图

a. 烟粉虱成虫（Charles Clsen 摄）和卵（Stephen Ausmus 摄）　b. 烟粉虱蛹和前翅（吴杏霞等，2000）

主要危害：烟粉虱是热带或亚热带大田作物棉花、蔬菜和园林花卉等植物的主要害虫之一。寄主范围广泛，据报道已超过74科600种。除危害经济作物外，还危害观赏植物及野生杂草。其成虫和若虫不仅在叶面上刺吸寄主组织汁液，引起叶面出现褪绿斑点；而且大量分泌的蜜露覆盖叶表面，常诱发煤污病，降低叶片的光合作用。蜜露还能使花变色，如棉花被其危害，会影响加工的棉绒。严重危害时，造成植株生长衰弱，植株的高度、节间数量、产量和品质会受影响。烟粉虱还是70多种病毒的媒介昆虫，其饲毒时间短（10～16 min），持久传毒，传毒效率高，造成很大的经济损失。

二、外来物种普查

我国是世界上遭受外来生物入侵危害最严重的国家之一。外来入侵物种对农林牧渔业生产、区域生态环境、生物多样性、公路航道运输甚至人类健康和生命安全都造成了严重的影响。在局部地区甚至全国范围内开展外来物种普查工作，全面掌握其发生情况和发展动态，是开展监测和早期预警，进行有害生物分类判定，对造成入侵危害的外来物种的疫区和非疫区进行划分，开展检疫、扑灭以及综合治理等防控措施的重要依据。本节内容以外来草本植物为例，介绍了外来物种普查工作的一般程序和方法。

（一）概念与定义

1. 外来草本植物 出现在其原生存环境以外并在新环境中定殖的草本植物。

2. 普查 对某一种或某一类、某几种或某几类生物进行全面调查的官方行动。

3. 相对丰度 某种植物的数量占群落中所有植物数量的百分比，又叫相对丰度。可反映植物在群落中的丰富程度。

4. 频度 在若干固定取样面积的样地中，某种植物出现的样地占全部样地的百分比。可反映植物在群落中分布的均匀性。

5. 总和优势度 评价物种在群落中的地位和相对作用大小的一种综合性数量指标。用密度比、盖度比、频度比、高度比和重量比等五项中的两项、三项、四项或全部的平均值来表示。

（二）外来草本植物普查的原则

1. 行政性 外来草本植物普查工作是官方行为，由相关的政府管理部门组织实施，普查获得的信息归政府所有，相关信息公开的权利也属于政府。普查获取的信息为政府制定外来生物管理战略和决策服务，同时也为政府主导下的相关科学研究提供基础数据。

2. 全面性 全面性是普查工作的核心原则。在开展普查的地区，要全面覆盖所有区域和生境，争取不遗漏任何一个外来草本植物易发生地区，不遗漏任何一个外来草本植物物种，不遗漏任何一个可获得外来草本植物的详细信息。

3. 准确性 普查是外来草本植物定性、入侵植物监测预警、应急治理、综合防控等一系列行动的基础和依据，对结果的准确性要求高。普查中应综合利用实地踏查、走访调查、样地调查、信息咨询等手段，获取确切真实的外来草本植物发生信息。

4. 规范性 外来草本植物普查工作涉及地域广、人员多、工作量大，一个地区甚至一个普查人员的不规范操作都可能对整个普查工作的进度和结果准确性造成很大的影响。因此，普查要严格按照统一的时间、统一的方法、统一的进度开展。

5. 专业性 外来草本植物普查工作对普查人员的专业能力具有较高的要求。通过查阅文献资料或接受培训，普查人员应能识别常见的或者大部分的本地植物。有条件的情况下，可开展系统的培训与考核，普查人员持证上岗，确保普查工作的顺利进行。

（三）外来草本植物普查类型和区域

外来草本植物普查类型总体可分为特定物种普查和全面普查两种类型。特定外来草本植物可以是一种或一类，也可以是几种或几类外来草本植物。

普查区域可以是某一个行政区域或地理区域，也可以是几个行政区域或几个地理区域的组合，或者是全国。

结合普查区域和总体类型，外来草本植物普查可以细分为以下几种子类型：

①全国范围内的外来草本植物全面普查；②全国范围内的特定外来草本植物普查；③局域范围内的外来草本植物全面普查；④局域范围内的特定外来草本植物普查。

外来草本植物普查的区域大小没有具体要求，但根据物种分布范围与地理和气候梯度变化的相互关系、普查结果的统计性意义以及实际工作需要，普查工作通常由国家或省级农业主管部门组织实施，普查区域一般为全国或部分省（直辖市、自治区）。

外来草本植物普查以村级行政区划为普查实施的基础单位，城市城区内以街道为基础单位，村、乡镇/街道、县、市、省逐级向上负责。

（四）外来草本植物普查时间

由于普查工作在短期内不可能重复开展，所以普查工作开展的时间是影响结果全面性和准确性的重要因素。开始时间过早，部分植物可能尚未出苗或幼苗与成株形态差异较大而不便于鉴别；开始时间过晚，部分植物可能已经枯萎。

全国范围内外来草本植物全面普查的时间为6—9月。开展局域范围内的外来草本植物全面普查，各地可根据本地区的气候和植物物候特点，选择最多的植物种类处于成株期至花期的生长阶段时开展，特定外来草本植物普查应根据其生物学特性，选择在其花期至枯萎期之间开展。

（五）外来草本植物普查方法与结果计算

1. 基本发生情况调查

（1）通则。采用踏查（实地考察）和走访调查两种方法对外来草本植物的基本发生情况进行调查。两种方法并不是彼此孤立的，在普查中可将两种方法结合使用，以获得更为详尽和准确的信息。

根据公报、公告、统计年鉴、工作报告、专著、学术报告、期刊文献、报纸等方式获取的外来草本植物发生信息，也应通过踏查（实地考察）或走访调查的方式进行核实确认。

外来草本植物可能以各种各样的方式对种植业、林业、畜牧业、水产养殖业等生态系统的结构和功能（水分、土壤、土壤微生物、能量循环、物质循环等）、生物多样性及人类健康和社会活动等造成危害。危害监测涉及实验室实验、田间试验、仪器分析等多种方法。在普查工作中，不可能对每种外来草本植物进行试验以检验其危害性，因此，对造成危害的外来草本植物进行危害状况和经济损失调查时，也采用踏查（实地考察）和走访调查两种方法。

（2）踏查（实地考察）。踏查适用于所有人力能够到达的区域。踏查路线按各生境的特点进行设计，可选用样线或样方等方法。

水域环境中，可乘船进行实地考察。乘船考察时可沿着近岸的路线前行一定的距离，再往水域深处前行。

对发生在农田、果园、荒地、绿地、生活区等具有明显边界的生境内的外来草本植物，其发生面积以相应地块的面积累计计算，或划定包含所有发生点的区域，以整个区域的面积进行计算；对发生在草场、林地、水域、铁路、公路沿线等没有明显边界的外来草本植物，持GPS仪沿其分布边缘走完一个闭合轨迹后，将GPS仪计算出的面积作为其发生面积，其中，铁路路基、公路路面的面积也计入外来草本植物发生面积。对发生地地理环境复杂（如山高坡陡、沟壑纵横），人力不便无法实地踏查或无法使用GPS仪计算面积的，可使用目测法，通过咨询当地国土资源部门（测绘部门）或者熟悉当地基本情况的基层人员，获取其发生面积。

踏查（实地考察）的结果按表6-2的要求记录。踏查（实地考察）记录表的编号可由如下的一组13位数字组成：

前2位为年份代码，由普查开展年份的最后两位组成；

第3～8位为县级行政区划的代码，全国各行政区划代码参照《中华人民共和国行政区划代码》（GB/T 2260）；

第9～10位为乡镇级行政区划代码，可按县级民政或国土部门的规定进行编排，或按本县级政府日常工作中习惯的顺序进行编排；

第11～12位为表格特征码，可根据踏查（实地考察）的实际情况自行编排（如，用对踏查的村、农田、林场、草场等编排的序号作为特征码）；

末位为附加码，踏查（实地考察）记录表的附加码为1。

示例：编号为19120111××××1的表格表示2019年在天津市西青区某地进行踏查的一份记录表。

表6-2 外来草本植物普查踏查（实地考察）记录表

踏查（考察）日期：________ 踏查（考察）地区：________ 表格编号：________

踏查（考察）人：________ 工作单位：________ 职务/职称：________

联系方式：(固定电话：________ 移动电话：________ 电子邮件：________)

外来草本植物	（名称Ⅰ）[a]	（名称Ⅱ）	…
当前发生总面积/hm^2			
发生生境类型及生境中的发生面积/hm^2			
在各生境中是否造成危害（若造成危害，其危害方式、面积）			
是否有病虫害发生（若有，病虫害种类）			

注：以普查对象为1种以上的外来草本植物为例。

a. 除列出植物的中文名或当地俗名外，还应列出植物的拉丁名。

（3）走访调查。走访调查的对象一般为熟悉当地实际情况的群众、当地的相关专家、相关管理部门工作人员、植保植检人员等。走访调查获取的信息按表6-3的要求记录。走访调查记录表的编号可由如下的一组13位数字组成：

前2位为年份代码，由普查开展年份的最后两位组成；

第3～8位为县级行政区划的代码，全国各行政区划代码参照《中华人民共和国行政区划代码》（GB/T 2260）；

第9～10位：走访调查涉及区域为一个乡镇级行政区域以下的（如一个乡镇/街道、一个村或几个村），此两位用乡镇级行政区划代码；走访调查涉及区域为一个乡镇级行政区域以上的（如走访县级农业主管部门或县级林业主管部门，调查结果可能涉及本县级行政区域内的多个乡镇级行政区域），此两位的编码为99；

第11～12位为表格特征码，可根据走访调查的实际情况自行编排；

末位为附加码，走访调查结果记录表的附加码为2。

示例：编号为19130421××022的表格表示2019年在河北省邯郸市邯郸县某地进行走访调查的一份记录表；编码为10130421990×2的表格表示2010年对河北省邯郸市邯郸县林业局进行走访调查的一份记录表。

表 6-3 外来草本植物普查走访调查记录表

踏查（考察）日期：________ 踏查（考察）地区：________ 表格编号：________

踏查（考察）人：________ 工作单位：________ 职务/职称：________

联系方式：（固定电话：________ 移动电话：________ 电子邮件：________）

被调查人：________ 文化程度：________ 工作单位：________ 职务/职称：________

联系方式：（固定电话：________ 移动电话：________ 电子邮件：________）

调查涉及地区基本情况：区划面积________ hm^2，经度范围________，纬度范围________，

海拔范围________，耕地________ hm^2，林地________ hm^2，草场（原）________ hm^2，其他________。

外来草本植物	（名称Ⅰ）[a]	（名称Ⅱ）	…
首次发现（时间、地点、生境、经纬度、海拔等）			
（可能的）传入及扩散途径			
发生时间动态（日期）			
当前发生总面积/hm^2			
在各生境中是否造成危害（若造成危害，其危害方式、面积、经济损失）			
当地是否对其进行利用（若有，利用途径及经济效益）			
当地是否对其进行防控（若有，防控措施、成本及效果）			
是否有病虫害发生（若有，病虫害种类）			

注：以普查对象为 1 种以上的外来草本植物为例。

a. 除列出植物的中文名或当地俗名外，还应列出植物的学名。

（4）经济损失计算方法。对于造成危害的外来草本植物，应按表 6-2、表 6-3 的要求记录其危害方式、面积以及经济损失等。经济损失可通过受害的作物、果树、林木、水产、牧草等的产量或载畜量与未受害时的差值，人类受伤害后的误工费和医疗费，社会活动成本增加量等进行统计。下面分别给出 3 种经济损失的计算方法，可参考使用。

①种植业经济损失计算方法。

种植业经济损失＝农产品产量经济损失＋农产品质量经济损失＋防治成本

农产品产量经济损失＝外来草本植物发生面积×单位面积产量损失量×农产品单价

农产品质量经济损失＝外来草本植物发生面积×受害后单位面积产量×农产品质量损失导致的价格下跌量

防治成本包括药剂成本、人工成本、生物防治成本、防除机械燃油或耗电成本等。

示例：某外来草本植物某年在某地麦田发生并造成危害，发生面积 1 000 hm^2，当年当地对其中 500 hm^2 开展了化学防治，喷施除草剂 2 次，每次每公顷药剂成本 100 元，每次喷药每公顷人工费用 150 元；对其中 200 hm^2 开展了生物防治，释放天敌 2 000 000 头，每头天敌引进/繁育成本 0.01 元；对另外 300 hm^2 进行了人工拔草，每公顷人工费用 600 元。当地未受危害的麦田当年平均产量为 6 000 kg/hm^2，小麦平均收购价格为 1.6 元/kg。经过防治，受害的麦田当年平均产量为 5 600 kg/hm^2，由于混杂外来草本植物的种子，小麦收购价格降为 1.4 元/kg。此外来草本植物当年在该地区造成的种植业经济损失为：

1 000 hm^2 ×（6 000 kg/hm^2 －5 600 kg/hm^2）×1.6 元/kg＋1 000 hm^2 ×5 600 kg/hm^2 ×（1.6 元/kg－1.4 元/kg）＋2×500 hm^2 （100 元/hm^2 ＋150 元/hm^2）＋0.01 元/头×2 000 000

头+600 元/hm^2×300 hm^2=221 万元

②畜牧业经济损失计算方法。

畜牧业经济损失=发生面积×单位面积草场牧草产量损失量×单位牧草载畜量×单位牲畜价值+畜牧产品损失量×畜牧产品单价+养殖成本增加量+防治成本

示例：某地牧场发生某外来草本植物，发生面积 1 000 hm^2，未进行防治，每公顷受害草场牧草（鲜重）每年因此减产 800 kg，4 000 kg 牧草（鲜重）载畜量为 1 头奶牛，每头奶牛价值 3 000 元。牧场饲养有 1 000 头奶牛，奶牛取食外来草本植物后产奶量下降，平均每头每年少产奶 10 千克，当年原奶收购价格为 2 元/kg；牧场饲养有 1 000 只绵羊，外来草本植物果实黏附于羊毛中，剪毛时需拣出，因此剪毛工作全年增加人工 100 个，人工单价 50 元。此外来草本植物当年在该地区造成的畜牧业经济损失为：

1 000 hm^2×800 kg/hm^2×1/4 000（头/kg)×3 000 元/头+2 元/kg×10 kg/头×1 000 头+50 元/(人·d)×100 人·d=62.5 万元

③林业经济损失计算方法。

林业经济损失=外来草本植物发生面积×单位面积林地林木蓄积损失量×单位林木价格+防治成本

示例：某林区发生某外来草本植物，发生面积 1 000 hm^2，未进行防治，每公顷林地林木蓄积量每年因此减少 0.2 m^3，每立方米林木市场价格平均为 3 000 元。此外来草本植物每年在该林区造成的林业经济损失为：

1 000 hm^2×0.2 m^3/hm^2×3 000 元/m^3=60 万元

2. 种群和群落特征调查

（1）样地设置方法。在每个行政村/城区街道内的所有生境中分别选取一个不小于 1/3 hm^2 的调查小区，形状可以为规则的方形、圆形或矩形，在某些特殊生境（如废弃厂矿等）中进行调查时也可以根据实际情况使用不规则形状的小区。

每个调查小区内选取 30 块以上的样地。样地面积以 1 m^2 为宜。样地形状可以为圆形、方形，根据需要也可以使用矩形的样带或样条。

同一次普查中，在各调查小区内选取的样地数目应一致。

可使用以下任意一种取样方法设置样地：

① 随机取样　可根据随机数字，在两条相互垂直的轴上成对地取样，或通过罗盘在任意几个方向上，分别以随机步程法取样。随机数字可以用抽签、纸牌、随机数字表等方式获得。

② 规则取样(系统取样)　可使用对角线取样、方格法取样、梅花形取样、S 形取样等方法，使样地以相等的间隔分布于调查小区内，或在调查小区内设置若干等距离的直线，以相等的间距在直线上选取样地。

③ 限定随机取样　以规则取样的方法，将调查小区划分为若干个较小的区域，然后在每个划分的小区域内随机选取样地。

④ 代表性样地取样　主观地将样地设置在认为有代表性的和某些特殊的区域。一般情况下应尽量避免使用该方法设置样地。

对于生境类型单一且没有足够大小的地块设置调查小区（如，某街道内只有若干小面积的公共绿地和公路绿化带），在报上一级普查负责部门批准和备案后，其调查小区、样地数目、样地设置方法可根据实际情况自行确定。

（2）结果记录与指标计算。对每块样地中的所有植物进行调查，按表6－4的要求记录种群和群落特征调查的结果。

表6－4 植物群落调查记录表

调查日期：________ 样地大小：________（m^2） 调查小区编号（表格编号）[a]：________

调查小区位置：________ 调查小区生境类型：________

调查人：________ 工作单位：________ 职务/职称：________

联系方式：（固定电话：________ 移动电话：________ 电子邮件：________）

样地序号	调查结果
1	植物名称Ⅰ［株数］，株高[b]/m；植物名称Ⅱ［株数］，株高/m；…
2	
3	
…	

注：a. 结果记录表格编号与调查小区编号相同；

b. 株高为成熟植株的株高。样地内有多个成熟植株的，其株高分别列出。

① 植物群落调查小区（记录表）的编号可由如下的一组14位数字组成：

前2位为年份代码，由普查开展年份的最后两位组成；

第3～8位为县级行政区划的代码，全国各行政区划代码参照《中华人民共和国行政区划代码》（GB/T 2260）；

第9～10位为乡镇级行政区划代码，可按县级民政或国土部门的规定进行编排，或按本县级政府日常工作中习惯的顺序进行编排；

第11～12位为村级行政区域代码，按本乡镇级政府日常工作中习惯的顺序进行编排，或主观指定村级行政区域的代码；在城区街道进行样地调查时，此两位代码为99。

第13～14位为表格特征码，可根据调查小区的位置和生境等自行编排。

示例：编号为19152523××××01的表格可表示2019年在内蒙古自治区锡林郭勒盟苏尼特左旗的草场上对第1个调查小区进行样地调查的记录表。

② 以植物开花前后或结果前后至枯萎期的植株作为成熟植株。株高为地表至植株生长点（茎叶顶端）的垂直高度，以植物的自然生长高度为准，测量时不可人为将植株拉直。

示例：某样地内有加拿大一枝黄花10株，其中成熟植株4株，株高分别为1.5 m、1.7 m、1.8 m、1.6 m，则在“调查结果”一栏中填写“加拿大一枝黄花［10］，1.5 m、1.6 m、1.7 m、1.8 m”。

3. 标本采集、制作和鉴定

普查中发现外来草本植物，应拍摄其生境、全株、茎、叶、花、果、地下部分等的清晰照片，并采集制作成标本。

对于在普查过程中发现的无法当场做出鉴定的植物种类，可在记录表中以“未鉴定1”“未鉴定2”……或“未知1”“未知2”……等名称记录，并拍摄照片、采集制作标本。

标本采集、运输、制作等过程中，包括根、茎、叶、花、果、种子在内的全部有生命力的部分，均不可遗洒或随意丢弃，对于掉落后不用的部分、鉴定后不需保存的标本，一律烧毁或作杀死处理。对种子较小、较轻、容易飞散的植物，在运输中应特别注意密封。

未鉴定的植物带回后，应首先根据植物图鉴、植物志等工具书自行鉴定。自行鉴定结果不确定或仍不能做出鉴定的，选择制作效果较好的标本并附上照片，寄送给有关专家进行鉴定。

4. 普查结果上报

普查结果应于所有标本鉴定结束后或送交鉴定的标本鉴定结果返回后 7 日内上报。普查工作各级负责部门在收到上报的普查结果后应于 10 日内汇总整理并上报上一级普查工作负责部门。外来入侵植物调查记录表和结果汇总表见表 6-5、表 6-6。

5. 普查数据和标本的保存

普查中所有原始数据、记录表、标本、照片等均应进行整理，并妥善保存于县级以上普查负责部门，以备复核。保存期限不少于 2 年。超出保存期的标本应集中销毁，不得随意丢弃。

可能的情况下，应将普查中制作的有代表性的标本和重要数据永久保存。

表 6-5 外来入侵植物调查记录表

<table>
<tr><td>表格编号</td><td colspan="4"></td><td colspan="2">调查时间</td><td colspan="3">年 月 日</td></tr>
<tr><td>调查区域</td><td colspan="4">省（直辖市） 市 县/区</td><td colspan="2">经、纬度</td><td></td><td>海拔</td><td></td></tr>
<tr><td>区域面积/hm^2</td><td></td><td>耕地/hm^2</td><td></td><td>林地/hm^2</td><td></td><td>草场/hm^2</td><td></td><td>其他/hm^2</td><td></td></tr>
<tr><td>调查人</td><td></td><td>单位</td><td colspan="2"></td><td colspan="2">职称</td><td>联系电话</td><td colspan="2"></td></tr>
<tr><td colspan="2">中文名及当地俗名</td><td colspan="2">（植物 1）</td><td colspan="2">（植物 2）</td><td colspan="2">（植物 3）</td><td>（植物 4）</td><td>…</td></tr>
<tr><td colspan="2">首次发现时间</td><td colspan="2"></td><td colspan="2"></td><td colspan="2"></td><td></td><td></td></tr>
<tr><td colspan="2">传入及扩散途径</td><td colspan="2"></td><td colspan="2"></td><td colspan="2"></td><td></td><td></td></tr>
<tr><td colspan="2">发生面积/hm^2</td><td colspan="2"></td><td colspan="2"></td><td colspan="2"></td><td></td><td></td></tr>
<tr><td colspan="2">生境类型</td><td colspan="2"></td><td colspan="2"></td><td colspan="2"></td><td></td><td></td></tr>
<tr><td colspan="2">生长发育时期</td><td colspan="2"></td><td colspan="2"></td><td colspan="2"></td><td></td><td></td></tr>
<tr><td colspan="2">危害情况（危害对象、面积、经济损失）</td><td colspan="2"></td><td colspan="2"></td><td colspan="2"></td><td></td><td></td></tr>
<tr><td colspan="2">开发利用（途径、经济效益）</td><td colspan="2"></td><td colspan="2"></td><td colspan="2"></td><td></td><td></td></tr>
<tr><td colspan="2">防控（措施、成本及效果）</td><td colspan="2"></td><td colspan="2"></td><td colspan="2"></td><td></td><td></td></tr>
<tr><td colspan="2">病虫害（种类、发生情况）</td><td colspan="2"></td><td colspan="2"></td><td colspan="2"></td><td></td><td></td></tr>
<tr><td colspan="2">其他信息</td><td colspan="8"></td></tr>
</table>

注：表格编号为年份＋县级行政区域代码＋顺序号，如 2015 年河北省赵县第 5 份调查表，编号为 20151301335。

表 6-6 外来入侵植物调查结果汇总表

调查区域	省（直辖市） 市 县/区				调查时间	年 月 日
调查人		单位		职称		联系电话
中文名及当地俗名		（植物 1）	（植物 2）	（植物 3）	（植物 4）	…
首次发现情况						
传入及扩散途径						
发生面积						
生态影响程度/经济损失						
生长发育时期						
生境	生境 A 内发生情况（生境类型、发生面积、危害方式、影响程度或经济损失）					
	生境 B 内发生情况					
	…					
病虫害						
开发利用（途径、规模、效益）						
化学防治（药剂、成本及效果）						
人工/机械防控（难度、成本及效果）						
替代种植（物种、成本及效果）						
生物防治（物种、成本及效果）						
其他信息						

第二节 植物地理分布图绘制

植物地理分布区在地图上表现为沿分布区边界的一条或几条封闭曲线或者散布于一定地理范围的点集。作为植物分布状况研究，其最基本的要求就是得到一张简洁明了的分布图，用来判断和研究植物类群的起源、分化、散布等规律。GIS 软件不仅可以绘制植物的地理分布图，而且还有服务器端的地网图形、地网办公、符号编辑、三维可视化、智能发布向导以及地图服务器等功能与模块。支持向量（点、线和多边形）、图形和网格等数据类型。并可以通过用地名词典来查找地方坐标，利用覆盖收集的地点和行政边界数据库来核对已有的坐标改进数据的精度，从而获得地理分布图。软件及相应地理信息数据的获得，可通过有关网站下载或购买，所有涉及的分布图底图可以在国家基础地理信息系统网站或所在行政区测绘部门获取。

一、DIVS-GIS界面

1. 菜单栏 包括项目（Project）、数据（Data）、图层（Layer）、地图（Map）、分析（Analysis）、模型（Modeling）、栅格（Grid）、栈（Stack）、工具（Tools）、帮助（Help）等10个选项。前4项为常用项，其余的如模型菜单项有Bioclim和Domain等地理潜在分布区预测模型功能，栈菜单项中的数据叠加、聚类等功能，这些功能主要用于对分布区地理数据进行分析。

2. 工具栏 有新建、打开、保持、放大/缩小、移动、添加图层、删除、表格等选项。

3. 数据图层 当打开shapefile文件（.shp、.shx、.dbf等格式）后，在视窗界面的左侧出现若干个小模块，可以对其图层属性进行相应的修改，如图层名称、线条颜色、标记图案等。如需要对图层进行编辑，需激活，在该区域中显示为“凸出”。

4. 位置显示标记 当鼠标在编辑窗口停留时，会在视窗的底部出现坐标格式数据（X，Y），以及地图比例（Scale）。

5. 编辑显示区 对图层进行加工修改后，其所得到的结果直接在编辑显示区中表现出来。

6. 状态栏 对图层进行加工有两种方式，一种是数据编辑（Data），另外一种是设计（Design）模式。具体图层与数据修改均在数据编辑状态中进行，对图层进行美化标记则在设计状态中进行，包括比例标记尺、文本添加、方向箭头、颜色、字体等。

二、操作实例

（一）原始数据收集与处理

现以某种植物在广东省的分布为例，进行地理分布图的绘制。通过实地调查、年度报告、植物图志及标本馆等手段，对该植物的分布区地理坐标数据进行收集，先用Excel格式进行录入，然后粘贴至“附件→记事本→另存为”转化为.txt格式，命名为data.txt。对表格标题的命名必须用字母。

（二）绘图步骤

1. 添加底图 打开DIVA-GIS后，点击常用工具栏上的添加图层标记，输入文件名为“bou2_4p”“bou2_4l”中的国界和省界底图。对某一区域分布进行绘制，其他区域可以忽略，因此可利用，点击图标后，点击鼠标右键拖放于所选区域，然后点击放大选中区域，这时就完成了图层的添加，而数据图层区域出现了两个名字为“bou2_4p”“bou2_4l”的矩形方框。亦可通过菜单栏中的“Layer→Add layer”添加图层。

2. 录入数据 点击菜单栏中的“Data→Import points to shapefile→Form text file（.txt）”打开“Create shapefile from text file”对话窗口。点击“Input file”按钮，找到调查获得的数据文件“data.txt”，点击确定，其中“Output file”为数据输出文件位置，一般与录入数据相同。“Field delimiter”为字段分隔符，此处选择“Tab”（为默认值）；在“X/Latitude”对话框中选择相应的纬度字段，在“Y/Longtitude”对话框中选择相应的经度字段；“Text qualifier”（文字识别符号）对话框中选择“"”；在“Field option”中

有“Field name”和“Data type”，在录入的过程，即产生了默认值，一般不需要手动设定。完成上述过程后，点击 Apply，得到最原始的分布图。此时分布图仅有一个大致的省框架和若干分布点，而地名、方向标示、比例尺、图片名称等均未出现，为裸图，需进一步完善。

3. 图像美化及输出 对裸图加工。添加海拔信息，通过添加图层标记，输入“chn_alt.grd”文件，此时海拔图层在数据图层工作栏的最上面，它会把原来的几个图层覆盖，手动拖动“chn_alt”图层至最下面，将其他图层显现出来。双击数据图层工作栏上的任何一图层标签，均会出现该图层的属性对话窗口，在属性对话窗口对该图层的图案样式、图案尺寸、颜色等做逐一修改。数据编辑状态修改完毕后，点击视窗右下角状态栏中的“Design”标签，进入图片设计阶段。在“Design”视窗中的工具条，分别代表添加地图、图标、比例尺、方向箭头、全图、添加文本、撤销、取消等。点击工具条中的前6个按钮均会在“Design”视窗的左半边出现相应的属性，如图片位置、文字大小、边框等，可根据需要进行增减。在数据编辑状态下通过“Layer→Add labels→Field→County”，可将地名信息显示在分布图上。完成以上系列操作，即可绘制出需要的目标植物区域地理分布图。

思考题

1. 农业农村部发布的《国家重点管理外来入侵物种名录（第一批）》包括多少种植物？
2. 外来入侵物种普查原始数据一般保存不少于几年？超出保存期后如何处理？
3. 外来入侵物种普查取样方法有几种？举例说明荒地、农田如何取样调查？

第七章　农业农村废弃物收集与处理

农业农村废弃物也称农村垃圾，按其成分主要包括植物纤维性废弃物（如农作物秸秆、谷壳、果壳、树叶及甘蔗渣等）、农产品加工废弃物、畜禽粪便、农村生活垃圾、污水、人粪尿等。农业农村废弃物是农业生产与再生产链环中资源投入与产出在物质和能量上的差额，是资源利用过程中产生的物质能量流失份额。一般意义上的农业农村废弃物，主要是指农业生产和农村居民生活中不可避免的一种非产品产出。从资源经济学的角度上看，农业农村废弃物是某种物质和能量的载体，是一种特殊形态的农村资源。

第一节　农业农村废弃物种类和处理方式

一、废弃物种类

（一）生活污水

生活污水是指农村居民生活、少量家畜家禽饲养、零星餐饮经营产生的污水，包括冲厕、炊事、洗衣、洗浴产生的污水。一般可分为灰水和黑水两部分。黑水指人排泄及冲洗粪便产生的高浓度生活污水；灰水指家庭厨房污水、洗衣和家庭清洁污水、洗浴污水及黑水经化粪池或沼气池处理后的低浓度污水。

（二）生活垃圾

生活垃圾主要分为四类：一是厨余垃圾（如剩菜、剩饭、菜叶、果皮、蛋壳、茶渣、骨、餐巾纸、面巾纸）、泥土尘灰、植物枝叶等；二是金属（如废铁、废铜、废有色金属）、塑料、废纸、饮料瓶、碎玻璃、废报纸、纸箱、废旧家电等；三是建筑垃圾，如建设过程中产生的废砖头、渣土、弃土、弃料、淤泥等；四是废旧织物、尼龙织物、皮革、废电池、农药瓶、塑料袋等。

（三）畜禽粪污

我国畜禽粪便年产生量达 27 亿 t，80％的规模化畜禽养殖场没有污染治理设施。在一些地区，畜禽养殖污染成为水环境恶化的重要原因。

（四）作物秸秆

我国秸秆理论资源量为 10 亿多吨，可收集资源量为 9 亿多吨，目前利用量 7 亿多吨，秸秆综合利用率 80％左右，仍有 20％大约 2 亿 t 未得到有效利用。

（五）农用薄膜、地膜和抛秧秧盘

农膜地膜覆盖技术自 20 世纪 90 年代开始在我国大面积推广使用，每年超过 2.3 亿亩* 土地覆盖农膜地膜，年使用量超过 150 万 t，给农业生产带来巨大经济效益，但年农膜地膜环境残留量高达 70 万 t；同时我国抛秧面积也达到 1.2 亿亩，年废弃秧盘量达到 15 万 t。大量存留在农田的农用膜、秧盘破坏土壤的物理、化学性质，抑制土壤微生物的生长，降低土壤的透气性、透水性，影响耕地质量，最终导致作物减产或品质下降，如进入河道则会污染水体。

二、废弃物处理方式

（一）生活污水的处理

农村生活污水难以统一纳入城镇污水管网进行集中处理，一般采用就地或就近建设的分散式的村庄生活污水处理设施进行处理。农村生活污水处理工程由一级处理、二级处理和三级处理三个单元组成。

1. 一级处理 指污水进入二级处理之前进行的机械物理处理，以清除污水中的漂浮物、油脂、泥沙等。主要包括格栅、隔油、沉砂等处理设施。

2. 二级处理 一般指生物处理，主要包括厌氧生物处理和好氧生物处理。厌氧生物处理是在厌氧条件下，形成厌氧微生物所需要的营养条件和环境条件，利用这类微生物分解废水中的有机物并产生甲烷和二氧化碳的过程。一般包括传统厌氧消化、厌氧生物滤池。好氧生物处理是在有氧气的条件下利用好氧菌或兼性厌氧菌把复杂的有机物转化、降解成简单的无机物，使污水得到净化。曝气生物滤池法、生物转盘法、好氧活性污泥法、兼性和好氧稳定塘法等都属于好氧生物处理法。

3. 三级处理 主要为自然处理，如人工湿地、稳定塘等。人工湿地是用人工筑成的水池或沟槽，底面铺设防渗漏隔水层，填充一定深度的土壤或填料层，种植芦苇一类的维管束植物或根系发达的水生植物。污水由湿地的一端通过布水管渠进入，以推流方式与布满生物膜的介质表面和植物根区的溶解氧进行充分的接触而获得净化。人工湿地类型有表流湿地和潜流湿地。稳定塘是经过适当人工修整，设围堤和防渗层的污水池塘，在池塘内通过水生生态系统的物理和生物作用对污水进行自然净化处理。

（二）生活垃圾处理

根据农村生活垃圾类别采用不同处理方式。一是厨余垃圾、泥土尘灰、植物枝叶等采用生物堆肥的方式集中处理；二是金属、塑料、玻璃、废纸等进入废品回收环节，作为再生资源回收利用；三是建筑垃圾送至指定地点填埋；四是废旧织物皮革、废电池、农药瓶、塑料袋等进入垃圾中转站集中处理。

（三）畜禽粪污处理

畜禽养殖场粪污的处理方法主要有以下几种：

1. 堆肥 堆肥技术是在自然环境条件下将作物秸秆与养殖场粪便一起堆沤发酵作为作物有机肥料的一种粪污处理方法。堆肥作为传统的生物处理技术经过多年改良，现正朝

---

* 亩为非法定计量单位，1 亩=1/15 hm^2。

着机械化、商品化方向发展，设备效率也日益提高。

2. 厌氧处理 目前用于处理养殖业粪污的厌氧工艺很多，其中较为常用的有以下几种：

(1) 厌氧滤器（AF）。1969年由Young和McCarty首先提出，1972年国外开始在生产上应用。我国于20世纪70年代末期开始引进并进行了改进，其沼气产气率可达3.4 $m^3/(m^3 \cdot d)$，甲烷含量可达65%。

(2) 上流式厌氧污泥床（UASB）。1974年由荷兰著名学者Lettinga等提出，1977年在国外投入使用。1983年北京市环境保护科学研究所与国内其他单位进行了合作研究，并对有关技术指标进行了改进，其对有机污水的COD（化学需氧量）去除率可达90%以上。

(3) 污泥床滤器（UBF）。UASB和AF的结合，具有水力停留时间短、产气率高、对COD去除率高等优点。

(4) 两段厌氧消化。1971年由Ghosh提出，把沼气发酵过程分为酸化和甲烷化两个阶段，并分别在两个消化器内进行。其特点在于消化器内可滞留大量厌氧活性污泥（具有极好的沉降性能和生物活性），提高了消化器内的负荷和产气率。

(5) 升流式污泥床反应器（USR）。厌氧消化器的一种，具有效率高、工艺简单等优点，目前已被用于猪粪、鸡粪废水的处置，其装置产气率可达4 $m^3/(m^3 \cdot d)$，COD去除率达80%以上。

3. 好氧处理 好氧处理有以下几种：

(1) 曝气法。20世纪70年代日本采用好氧间歇曝气技术对养猪废水进行了有效治理，并开发出一系列相关设备。近年来澳大利亚在传统鼓风曝气装置基础上又开发出简单实用的多种浅层射流曝气装置。总体而言，养殖业污染控制领域中的好氧技术正朝着高效、实用、经济、操作简便的方向发展。

(2) 接触氧化法。接触氧化技术早已被用来处理各种不同浓度的有机污水，其本质是利用填料上的微生物对有机物进行氧化分解，从而实现对污水的净化。英国近年采用接触氧化技术对猪粪浆进行处理，并开发出结构和性能很好的新型填料，其对COD的去除率达90%以上，对BOD（生化耗氧量）也有很好的去除效果。

(3) 序批式活性污泥法（SBR）。序批式活性污泥法是一种以间歇式曝气方式来运行的活性污泥污水处理技术，近年来引起许多学者的高度重视，现已被广泛用于城市污水、食品加工废水的处理。猪粪水经过固液分离、厌氧消化两级处理后进入SBR好氧系统，该法对COD的去除率可达70%，对BOD的去除率可达80%以上，出水可达标排放。

要实现养殖业粪污的彻底处置，单凭厌氧工艺或好氧工艺均不能达到对废物的达标排放和利用要求，必须进行深度处理或后续处置，这就需要将好氧工艺与厌氧工艺结合在一起使用，国内一些养殖场已开始注意到这两种工艺结合的优越性。

（四）作物秸秆处理

1. 秸秆肥料化利用 推广普及保护性耕作技术，以实施玉米、水稻、小麦等农作物秸秆直接还田为重点，科学合理地推行秸秆还田技术。秸秆还田包括秸秆直接翻压还田、秸秆堆沤腐熟还田、生物反应堆以及秸秆有机肥生产等。目前我国秸秆肥料化率达43%左右。

2. 秸秆饲料化利用 秸秆是牛羊粗饲料的主要来源。在粮食主产区利用作物秸秆发展畜禽养殖业，不仅可以解决农村大量废弃秸秆出路问题，而且是提高农业资源利用率、促进农业经济循环发展的有效途径。目前我国秸秆饲料化率达18.8%左右。

3. 秸秆能源化利用 立足于各地秸秆资源分布，结合乡村环境整治和节能减排措施，积极推广秸秆生物气化、热解气化、固化成型、炭化、直燃发电等技术，推进生物质能利用，改善农村能源结构。目前我国秸秆燃料化率为11.4%左右。

4. 秸秆基料化利用 发展以作物秸秆为基料的食用菌生产，培育壮大秸秆生产食用菌基料龙头企业和专业合作组织，建设现代高效生态农业；利用生化处理技术，生产育苗基质、栽培基质，满足集约化育苗、无土栽培和土壤改良的需要。秸秆基料化是促进农业生态平衡，提高作物秸秆利用效率的好方法。目前我国秸秆基料化率为4.0%左右。

5. 秸秆原料化利用 围绕现有基础好、技术成熟度高、市场需求量大的重点行业，鼓励生产以秸秆为原料的非木浆纸、木糖醇、包装材料、降解膜、餐具、人造板材、复合材料等产品，大力发展以秸秆为原料的编织加工业，不断提高秸秆高质化、产业化利用水平。目前我国秸秆原料化率为2.7%左右。

（五）农膜地膜和抛秧秧盘处理

废旧农膜地膜和抛秧秧盘处理一般采用清理回收再利用或集中降解处理，以防止造成土壤大面积污染。农膜地膜和抛秧秧盘清理回收已到刻不容缓的地步。

三、农村废水处理标准及工艺特点

（一）农村生活污水处理排放标准要求

污水的排放要求直接关系到污水处理程度和技术选择。因此，农村生活污水的排放要求应根据国家和地方的排放要求因地制宜地确定，以保证污染物消减目标的实现和降低成本。在没有排放要求的农村地区，针对地区的特征，可参考表7-1不同去向排水的排放要求确定处理程度。

表7-1 村庄污水排放执行的相关参照标准

主要污染物	直接排放		灌溉用水		渔业用水	景观环境用水
参考使用标准	污水综合排放标准GB 8978—1996	城镇污水处理厂污染物排放标准GB 18918—2002	农田灌溉水质标准GB 5084—2005	城市污水再生利用农田灌溉用水水质GB 20922—2007	渔业水质标准GB 11607—89	城市污水再生利用景观环境用水水质GB/T 18921—2002
总汞	≤0.05 mg/L	≤0.001 mg/L	≤0.001 mg/L	≤0.001 mg/L	≤0.000 5 mg/L	≤0.01 mg/L
总镉	≤0.1 mg/L	≤0.01 mg/L	≤0.01 mg/L	≤0.01 mg/L	≤0.005 mg/L	≤1 mg/L
悬浮物	≤70 mg/L	≤20 mg/L	≤100 mg/L	≤100 mg/L	≤10 mg/L	≤20 mg/L
化学需氧量	≤100 mg/L	≤60 mg/L	≤200 mg/L	≤200 mg/L	—	—
生化需氧量	≤30 mg/L	≤20 mg/L	≤100 mg/L	≤100 mg/L	≤5 mg/L	≤10 mg/L

资料来源：朱明，2007。

（二）适宜农村污水处理技术工艺特点

农村污水处理应进行技术经济比较后确定应用技术。主要技术经济指标包括：处理单位水量投资、处理单位水量电耗和成本、运行可靠性、管理维护难易程度、占地面积和总体环境效益等。目前在我国应用较多且较为成功的技术和工艺见表7-2。

表 7-2 农村生活污水处理适用技术和工艺及其特点

技术名称		特　点
单元处理技术	化粪池	结构简单、易施工、造价低、维护管理简便、无能耗、运行费用低、卫生效果好等优点。沉积污泥多，需定期进行清理；污水易泄漏。化粪池处理效果有限，出水水质差，不能直接排入水体，需经后续好氧生物处理单元或生态净水单元进一步处理。广泛应用于各地区农村污水的初级处理，特别适用于旱厕改造后，水冲式厕所粪便与尿液的预处理。
单元处理技术	厌氧生物膜池	投资少、施工简单、无动力运行、维护简便；池体可埋于地下，其上方可覆土种植植物，美化环境。对氮磷基本无去除效果，出水水质较差，须接后续处理单元进一步处理后排放。广泛应用于各地区、各区域污水经化粪池处理后，人工湿地或土地渗滤处理前的处理单元。
单元处理技术	沼气池	与化粪池相比，污泥减量效果明显，有机物降解率较高，处理效果好；可有效利用沼气。处理污水效果有限，出水水质差，一般不能直接排放，需后续技术进一步处理；需有专人管理，与化粪池比较，管理较为复杂。可用于一家一户或联户农村污水的初级处理。如果有畜禽养殖、蔬菜种植和果林种植等产业，可形成适合不同产业结构的沼气及沼液与沼渣利用模式。
单元处理技术	生物接触氧化池	结构简单，占地面积小；污泥产量少，无污泥回流，无污泥膨胀；生物膜内微生物量稳定，生物相丰富，对水质、水量波动的适应性强；操作简便、较活性污泥法的动力消耗少，对污染物去除效果好。加入生物填料导致建设费用增高；可调控性差；对磷的处理效果较差，对总磷指标要求较高的农村地区应配套建设出水的深度除磷设施。适用于有一定经济承受能力的农村。处理规模为单户、多户污水处理设施或村落的污水处理站。
单元处理技术	序批式反应器（SBR）	具有工艺流程简单，运转灵活，基建费用低等优点，能承受较大的水质水量的波动，具有较强的耐冲击负荷的能力，较为适合农村地区应用。SBR 对自控系统的要求较高；间歇排水，池容利用率不理想；在实际运行中，废水排放规律与 SBR 间歇进水的要求存在不匹配问题，特别是水量较大时，需多套反应池并联运行，增加了控制系统的复杂性。适用于污水量小、间歇排放、出水水质要求较高的地方，如民俗旅游村、湖泊、河流周边地区等，不但要去除有机物，还要求除磷脱氮，防止河湖富营养化。也适用于华北大部分水资源紧缺、用地紧张的地区。
单元处理技术	氧化沟	一般不设初沉池、结构和设备简单、运行维护容易、投资较省；采用低负荷运行，剩余污泥量少，处理效果好。长污泥龄运行有时出水中悬浮物较多，影响出水水质；相对其他好氧生物处理工艺，传统氧化沟的占地面积大、耗电高于曝气池。适用于处理污染物浓度相对较高的污水；处理规模宜大不宜小，适合村落污水处理。污水经过适用农村的氧化沟工艺的处理后，出水通常达到或优于《城镇污水处理厂污染物排放标准》中的二级标准。如果受纳水体有更严格的要求，则需要进一步处理。
单元处理技术	普通曝气池	工艺变化多且设计方法成熟，设计参数容易获得；可控性强，可根据处理目的的不同灵活选择工艺流程及运行方式，取得满意处理效果。构筑物数量多，流程长，运行管理难度大，运行费用高，不适合小水量处理。适用于较大污水量情况，可用于对污水中有机物、氮和磷的净化处理。

（续）

技术名称		特　点
单元处理技术	生态滤池	投资费用少，运行时无能耗，运行费用很低，维护管理简便，水生植物可以美化环境，增加生物多样性。污染负荷低，占地面积大，设计不当容易堵塞，处理效果受季节影响，随着运行时间延长除磷能力逐渐下降。尤其适用于资金短缺、土地资源相对丰富的农村地区。在东南地区，生态滤池主要适用于单户或几户规模的分散型农村生活污水处理，以及深度除磷。
单元处理技术	人工湿地	投资费用少，运行费用低，维护管理简便，水生植物可以美化环境，调节气候，增加生物多样性。污染负荷低，占地面积大，设计不当容易堵塞，处理效果受季节影响，随着运行时间延长除磷能力逐渐下降。适合在资金短缺、土地资源相对丰富的农村地区应用，不仅可以治理农村水污染、保护水环境，而且可以美化环境，节约水资源。
单元处理技术	土地渗滤	处理效果较好，投资费用低，无能耗，运行费用很低，维护管理简便。污染负荷低，占地面积大，设计不当容易堵塞，易污染地下水。适合资金短缺、土地资源相对丰富的农村地区，与农业或生态用水相结合，不仅可以治理农村水污染、美化环境，而且可以节约水资源。
单元处理技术	稳定塘	结构简单，出水水质好，投资成本低，无能耗或低能耗，运行费用低，维护管理简便。负荷低、污水进入前需进行预处理、占地面积大，处理效果随季节波动大，塘中水体污染物浓度过高时会产生臭气和孳生蚊虫。适用于中低污染物浓度的生活污水处理；适用于有山沟、水沟、低洼地或池塘等，土地资源相对丰富的农村地区。
单元处理技术	生物浮岛	投资成本低，维护费用少，不受水体深度和透光度的限制，能为鱼类和鸟类提供良好的栖息空间，兼具环境效益、经济效益和生态景观效益。浮岛植物残体腐烂，会引起新的水质污染问题；发泡塑料易老化，造成环境二次污染；植物的越冬问题。适用于湖网发达、气候温暖的农村地区。
COD去除工艺	散分户	污水→化粪池→农用 本技术在我国农村厕所改造过程中使用较多，其技术比较适合目前我国农村的技术经济水平。经过化粪池或沼气池处理后的污水作为农用，但化粪池或强化厌氧池出水中污染物浓度高，不宜直接排入村落周边水系。采用本模式处理污水时，应防止雨水进入化粪池或沼气池造成池体内的污水溢出。适用于粪便作为农肥的农户。
COD去除工艺	散分户	污水→化粪池→厌氧生物膜单元→生态处理单元→排放 污水经化粪池去除粗物质后利用土地处理或流入人工湿地进行处理，其在化粪池的停留时间应大于48 h。该工艺投资和运行费用低、管理方便，适合有可利用土地的农户。由于化粪池或沼气池出水浓度较高，宜在生态单元前增设厌氧生物处理单元，如厌氧生物膜单元，以降低生态处理单元的负荷；生态处理单元技术宜采用人工湿地或土地渗滤等。适用于有可利用土地的农户。

（续）

<table>
<tr><th colspan="2">技术名称</th><th>特　点</th></tr>
<tr><td rowspan="2">COD 去除工艺</td><td rowspan="2">散分户</td><td>污水→调节池→生物接触氧化池→排放
针对没有可利用土地的散户或对排水水质要求较高时，可采用生物处理单元处理污水。生物处理单元宜采用生物接触氧化池的一体化设备。在丘陵或山地，可利用地形高差，采用跌水曝气，节省部分运行能耗。适用于没有可利用土地的散户或对排水水质要求较高的地区，经济较发达地区。</td></tr>
<tr><td>农户→黑水→收集池→农用
农户→灰水→收集或沉淀→人工湿地／土地渗滤→排放或景观用水
针对黑水农用的农户，可采用黑灰分离的模式处理污水。黑水收集后农用，灰水收集沉淀后进入人工湿地和土地渗滤单元，出水可直接排放或作为景观用水利用。适用于黑水农用的农户。</td></tr>
<tr><td rowspan="2">COD 去除工艺</td><td rowspan="2">村落</td><td>污水→化粪池→调节池→生物处理单元→排放或消毒排放
可采用一体化设备或工程。生物处理单元技术应采用好氧生物接触氧化池。为保证处理效果，应好氧处理，好氧池溶解氧宜保持在 2.0 mg/L 以上。适用于针对主要以去除 COD 为目的的地区。</td></tr>
<tr><td>污水→化粪池→调节池→厌氧生物膜单元→生态处理单元→排放或消毒排放
生态处理单元技术宜采用人工湿地、土地渗滤或其他技术。调节池可与厌氧生物膜单元合建。该工艺投资小、维护简单，缺点是占地面积大。</td></tr>
<tr><td colspan="2">氮磷去除工艺</td><td>污水→化粪池→调节池→厌氧/缺氧生物处理单元→好氧生物处理单元→生态处理单元→排放或消毒排放
（硝化液回流至厌氧/缺氧生物处理单元）
以去除 COD、TN 和 TP 为目的的地区，污水处理工艺可以采用生物与生态技术相结合的组合工艺。根据当地情况，可采用以下两种工艺：具有缺氧和好氧生物反应器的组合工艺；或单一反应器缺氧和好氧交替运行。除了能有效去除废水中的有机物，使出水 COD、BOD、SS 达标外，还能有效去除污水中的氨、氮。
好氧/厌氧生物反应器及人工湿地组合工艺。村庄农户污水经过化粪池或沼气池的初级处理后，进入生物接触氧化池处理。采用交替的好氧/厌氧工艺脱氮后通过人工湿地处理达到除磷效果。同时，人工湿地也可作为村庄景观。
适用于饮用水水源地保护区、风景或人文旅游区、自然保护区、重点流域等环境敏感区，污水处理不仅需要去除 COD 和悬浮物，还需要对氮、磷进行控制，防止区域内水体富营养化，出水直接排放到附近水体或回用。</td></tr>
</table>

资料来源：朱明，2007。

第二节 农业农村废弃物处理设施建设

农村废弃物按照分类治理、综合利用的原则，有些废弃物就地转化，变废为宝，或就地掩埋，妥善处理；有些废弃物清理回收实现资源再利用或集中无害化处理。而人粪尿和畜禽粪污以及生活污水则难以集中收集处理，必须因地制宜地就地建设处理设施分散进行无害化处理。

一、污水处理设施选址

（一） 为实现合理规划、高效组织与有效监管，农村生活污水处理设施宜以县级行政区域为单元，实行统一规划、统一建设、统一管理。

（二） 农村生活污水处理设施包括污水处理构筑物（设备）和配套管网。应按照村庄规模、住户分布密度和区位特点，在对管网和污水处理构筑物（设备）的建设费与维护管理费进行综合经济比较和分析的基础上，因地制宜地选择适宜的处理模式、技术工艺和管理方式。并依据上述要求确定处理场地位置。

（三） 农村生活污水处理应优先考虑自然资源条件。处理污水宜方便利用村庄的自然条件，经周边沟渠、水塘、阔地等进一步净化后排入受纳水体。

（四） 污水处理设备不应建在饮用水源上游。位于地震、湿陷性黄土、膨胀土、多年冻土及其他特殊地区的污水处理设施的建设，应符合国家现行相关标准的规定。

（五） 污水处理构筑物应满足防水、防渗相关规范和标准，严禁污染地下水。冬季水温低于 4 ℃时，需采用地埋式构筑物或其他保温措施。

二、材料选择及预算

（一） 污水处理设备设施材料选择应根据污水处理阶段、采用工艺及不同设施要求确定。

（二） 污水处理构筑物可按国家规范参数采用钢筋混凝土进行设计施工，也可直接采用一体化处理设备。

（三） 管道工程的材料选择及施工，应符合现行国家标准《给水排水管道工程施工及验收规范》（GB 50268）的有关规定。

管节及管件的规格、性能应符合国家有关标准的规定和设计要求，进入施工现场时其外观质量应符合下列规定。不得有影响结构安全、使用功能及接口连接的质量缺陷，内、外壁光滑、平整、无气泡、无裂纹、无脱皮和严重的冷斑及明显的痕迹、凹陷；管节不得有异向弯曲，端口应平整；橡胶圈材质应由管材厂配套供应，且应符合相关规范的规定，外观应光滑平整，不得有裂缝、破损、气孔、重皮等缺陷，每个橡胶圈的接头不得超过 2 个。

（四） 混凝土结构工程的材料选择及施工，应符合现行国家标准《混凝土结构工程施工质量验收规范》（GB 50204）的有关规定。

水泥进场时应对其品种、级别、包装或散装仓号、出厂日期等进行检查，并应对其强度、稳定性及其他必要的性能指标进行复验，其质量必须符合现行国家标准《通用硅酸盐水泥》（GB 175）和《砌筑水泥》（GB/T 3183）的有关规定。

钢筋混凝土结构严禁使用含氯化物的水泥，防止氯化物对钢筋的锈蚀。混凝土中掺用矿物掺合料的质量应符合现行国家标准《用于水泥和混凝土中的粉煤灰》（GB 1596）的规定。根据混凝土强度等级、耐久性和工作性等要求进行配合比设计。

钢筋应平直、无损伤、表面不得有裂纹、油污、颗粒状或片状老锈，钢筋的品种、级别、规格和数量必须符合设计要求。

（五） 砌体结构工程的材料选择及施工，应符合现行国家标准《砌体结构工程施工质量验收规范》（GB 50203）的有关规定。

1. 水泥 水泥强度等级应根据砂浆品种及强度等级的要求进行选择，M15 及以下强度等级的砌筑砂浆宜选用 32.5 级的通用硅酸盐水泥或砌筑水泥；M15 以上强度等级的砌筑砂浆宜选用 42.5 级普通硅酸盐水泥。

2. 砂 砌体结构工程使用的砂，应符合现行国家标准《混凝土和砂浆用再生细骨料》（GB/T 25176）等规定。水泥砂浆和强度等级不小于 M5 的水泥混合砂浆，砂中含泥量不应超过 5%；强度等级小于 M5 的水泥混合砂浆，砂中含泥量不应超过 10%。

3. 砖 砌体结构工程使用的砖，应符合设计要求及国家现行标准《烧结普通砖》（GB 5101）、《烧结多孔砖和多孔砌块》（GB 13544）、《蒸压灰砂砖》（GB 11945）、《烧结空心砖和空心砌块》（GB 13545）等的规定。砌体结构工程用砖不得采用非蒸压粉煤灰砖及未掺加水泥的各类非蒸压砖。

（六） 构筑物的材料选择及施工，应符合现行国家标准《给水排水构筑物工程施工及验收规范》（GB 50141）的有关规定。

水池是污水处理工程中通用性的构筑物，这类构筑物大多要埋于地下或半地下，一般要承受较大的水压和土压，除了在构造上满足强度要求外，也要求水池具有良好的抗渗性和耐久性，通常污水处理构筑物宜采用钢筋混凝土结构。污水处理池一般均由垫层、池底板、池壁、池顶板等组成。垫层采用 C15 混凝土，底板、池壁、池顶板混凝土标号为 C30W6F150。混凝土采用商品混凝土，钢筋采用 HPB300 级钢、HRB400 级钢，锚固长度 33 d，搭接长度 40 d。

（七） 材料预算应按照有关工程预算执行标准，考虑材料市场平均价格、采购成本、运输成本、市场波动等因素。

三、格栅及管道安装

（一） 污水处理系统前，必须设置格栅，格栅栅条间隙宽度，采用机械清除时为 16～25 mm，采用人工清除时为 25～40 mm，特殊情况下，最大间隙可为 100 mm；格栅的安装角度采用机械清除时为 60°～90°，采用人工清除时为 30°～60°；格栅上部须设置工作平台，其高度应高出最高设计水位 0.5 m，工作平台上应有安全和冲洗设施；格栅工作平台两侧边道宽度一般为 0.7～1.0 m，工作平台正面过道宽度，采用机械清除时不应小于 1.5 m，采用人工清除时不应小于 1.2 m；格栅除污机、输送机和压榨脱水机的进出料口采用密封形式，根据周围环境情况，可设置除臭处理装置。

（二）管道安装

管道沟槽开挖前，应编制开挖计划，检查是否具备开挖条件，报监理批准后方可实施。沟槽的开挖应按施工规范要求进行。

1. 敷设管道时防止在沟槽内弓起。

2. 管道敷设前，应先将两端管口严密封堵，防止水、土及其他杂物等进入管内。

3. 管道在沟底应顺直。

4. 管道布放后应尽快连接密封，及时对端口进行封堵。

5. 按设计要求每隔一定距离用铁线捆绑。

6. 管沟内有水时，敷管前应将水抽干。

7. 布放管道从障碍物下方穿过后应立即将管抬起，避免管皮拖地。

8. 管道布放后应先回土掩埋 300 mm，尽量减少直壁管裸露时间，以防止管道受到人为及其他各种损伤。

管道在沟内敷设完毕，经监理工程师检查确认符合质量标准后，方可填土，要先回填规定厚度的细土或碎土，然后按要求高度回填。

四、生物填料和水生植物种植

（一）人工湿地填料材质及级配

孔隙过大不利于植物固定生长。若使用土壤为基质则孔隙过小，容易堵塞，导致坡面漫流。早期的人工湿地考虑采用种植土作为湿地填料，由于容易出现堵塞问题，现在已经很少采用了。砾石、粗砂是目前应用最为普遍的湿地填料。需要强化去除磷、氨、氮等。可以考虑矿渣、陶瓷滤料等特殊功能填料（见图 7-1）。

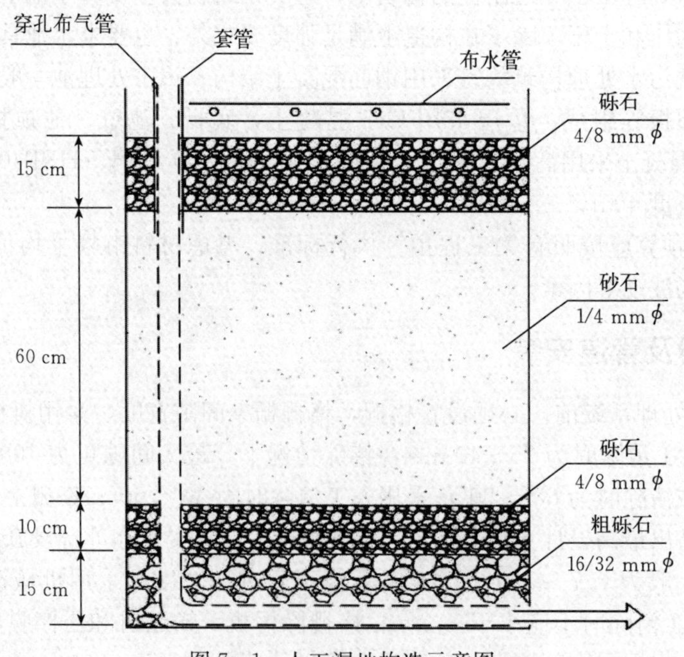

图 7-1 人工湿地构造示意图

(二) 人工湿地植物选种

以污水处理作为主要功能的人工湿地种植植物应主要考虑其生长习性、收割管理方便、供氧能力等特性。一般选择多年生、收割管理方便、供氧能力强的植物。人工湿地植物种类可以根据湿地类型、功能需求，结合景观效果进行选择。潜流人工湿地可选择芦苇、蒲草、荸荠、莲、水芹、水葱、茭白、香蒲、千屈菜、菖蒲、水麦冬、风车草、灯芯草等挺水植物。表流人工湿地可选择菖蒲、灯芯草等挺水植物，与凤眼莲、浮萍、睡莲等浮水植物和伊乐藻、茨藻、金鱼藻、黑藻等沉水植物进行混合种植。

(三) 表面流人工湿地和水平潜流人工湿地构造

表面流人工湿地包括开放性水域、漂浮植物和挺水植物（见图 7-2）。根据当地土壤条件、护堤、堤坝和衬垫等条件来控制流量和下渗。废水流经湿地时，经过沉降、过滤、氧化、还原、吸附、沉淀过程等处理。表流湿地设计水深一般为 0.3～0.5 m。

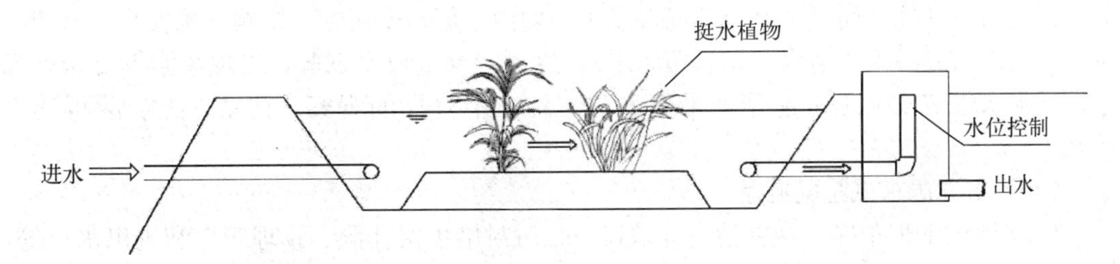

图 7-2　表面流人工湿地构造示意图

水平潜流人工湿地通常包括进水管道、黏土或人工合成衬里、过滤介质、挺水植被、护堤和水位控制出口管道（图 7-3）。废水保持在填料床表面的下方，在植物的根茎周围流动。在处理过程中废水不暴露在空气中，这使得人类和野生动物接触致病微生物的风险降低。水平潜流人工湿地最大设计深度不宜大于 2 m。

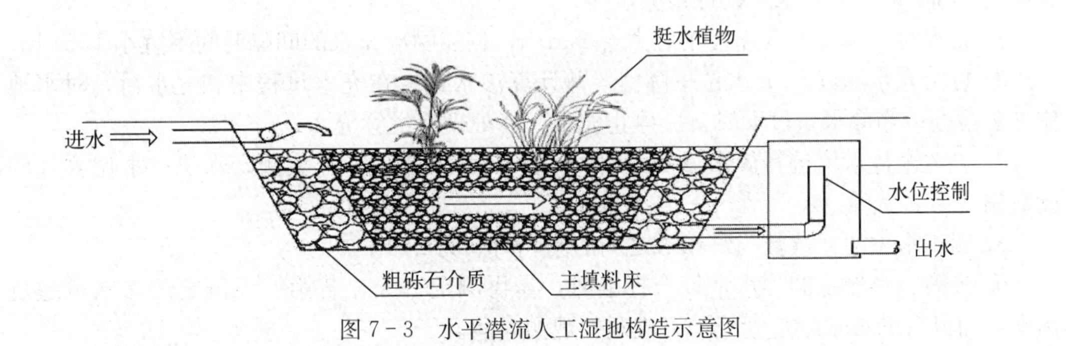

图 7-3　水平潜流人工湿地构造示意图

(四) 人工湿地运行维护和防止堵塞要求

人工湿地是一种低维护的污水处理系统，但仍然需要对其进行定期维护和清理，应定期（一般 1～3 个月）对湿地淤泥（沉积物）和死亡植物组织及残渣进行清理。对于水平潜流人工湿地，可以设置反冲洗系统，定期反冲洗，保障人工湿地的长效稳定运行。

五、防雨设施安装

对于户外用闸刀、开关、继电器等的用电设备，应加装相应的防雨设施，比如配电箱、防雨罩等，以防漏电事故发生。对于污水处理池和固废发酵处理设施也应视情况安装防雨设施，可安装拱形防雨棚或彩钢防雨设施，且应具备较强的抗风防雪能力。

第三节　农业农村废弃物处理设施启动

一、处理设施试水试验

根据设计要求，每个构筑物都必须在其主体结构混凝土达到100%设计强度后，并在现浇钢筋混凝土水池的防水层及防腐层施工前或砖砌水池防水层施工后及石砌水池勾缝后进行满水试验，用以考核检验污水处理构筑物的渗水量是否达到要求标准，以免污水渗漏，再次污染环境，而且也避免钢筋混凝土结构内钢筋遭受腐蚀，影响结构安全。这期间应注意闭水试验必须用清水（切忌用污水），逐池缓慢地放水试验，发现渗漏点要做好标记。试水水位应放至正常使用的最高水位，经三个昼夜的观察、记录，无渗漏再逐个放水。

（一）水池满水试验前准备

1. 将池内清理干净，修补池内外缺口，临时封堵预留孔洞、预埋管口和进出水口等，检查进水和排水闸阀，不得渗漏；

2. 设置水位观测标尺；

3. 准备现场测定蒸发量的设备；

4. 宜采用清水作为充水水源，做好充水和放水系统的准备工作。

（二）水池满水试验操作要求

1. 向水池内充水分三次进行，第一次充水高度为设计水深的1/3，第二次充水至设计水深的2/3，第三次充水至设计最大水深；

2. 充水时，水位上升速度不宜大于2 m/h，相邻两次充水的间隔时间不宜小于24 h；

3. 每次充水测读24 h水位下降值，并计算渗水量；在充水过程中和充水后，对水池作外观检查；当渗水量过大时，应停止充水，待处理后继续充水；

4. 水至设计水位进行渗水量测定时，采用水位测针和千分表测定水位；水位测针的读数精度为0.1 mm；

5. 测读水位的初读数与终读数之间的间隔时间为24 h；

6. 当第一天测定的渗水量符合标准时，需再测定一天，若第一天测定的渗水量超过标准，而以后的渗水量逐渐减少，应延长观测时间。

（三）水池满水试验渗水要求

一般应无渗水现象，混凝土水池的渗水量应小于2 L/(m^2 · d)，砌体水池的渗水量应小于3 L/(m^2 · d)。

二、设施接种物处理

在厌氧发酵过程中，污水处理厂的二沉池污泥、厌氧污泥等小颗粒活性污泥常被用来作为接种物，接种量一般为物料的35%。相当于在物料中加入一定量的微生物（菌种）作为接种物，调节适宜的碳氮比［一般（20～30）：1］，并配合添加适量的镍、钴、铁、锰、钙、钠等金属离子，加快厌氧消化的启动，提高甲烷产气率。

在好氧发酵过程中，自然发酵堆肥是利用物料中的土著微生物对有机物进行分解，由于堆肥初期土著微生物需要一定的生长时间才能大量繁殖，因此存在发酵周期长，堆肥效率低等缺点。生产中，一般在堆肥初期接种外源微生物菌剂，以加快升温，使高温持续时间延长，加速有机物分解，减少氮素损失，提高养分含量，提高堆肥过程中纤维素酶、脲酶等的活性和峰值，提高堆肥的腐熟度，缩短腐熟时间，提高堆肥产品肥效等作用。外源微生物菌剂主要有芽孢杆菌菌剂、固氮菌菌剂、嗜热微杆菌菌剂、EM复合菌剂和KS50复合菌剂等，菌剂的接种量一般为物料重的0.1%～1.0%，接种时间多为堆肥初期。

三、污水处理设施进水量和进水周期计算

污水处理设施应综合考虑现状水量和排水系统普及程度，合理确定处理规模，农村生活污水的排放量一般是按80～120 L/(人·d）计算，然后根据污水处理设施服务人口数量，计算出污水处理设施的日进水量；在二级处理单元，厌氧反应池容积宜根据水力停留时间（HRT）确定，计算公式如下：

$$V=Q\times HRT \tag{7-1}$$

式中：V为厌氧反应池的有效容积，单位为m^3；Q为设计流量，单位为m^3/d；HRT为水力停留时间，单位为d。

在三级处理单元，人工湿地有效面积一般根据水力负荷计算，具体如下：

$$A_S=\frac{Q}{\alpha} \tag{7-2}$$

式中：A_S为人工湿地表面积，单位为m^2；Q为污水的设计流量，单位为m^3/d；α为人工湿地的水力负荷，单位为$m^3/(m^2\cdot d)$，α取值按表面负荷折算。

人工湿地水力停留时间一般在48 h以上，考虑到占地面积要小，一般人工湿地水力停留时间设计为48～72 h。

人工湿地除了要占一定面积的土地以外，还要有一定的深度，人工湿地的深度一般为1.0～1.5 m，综合计算工程的有效容积，包括厌氧处理部分总有效容积和人工湿地总有效容积，人工湿地有效容积根据填料空隙大小进行估算。

四、固体处理设施发酵原料配制

为加快农村固体废弃物发酵，缩短腐熟时间，提高发酵产品肥效，生产中常对固体处理设施发酵原料进行配制。配制后的发酵原料要求含水量为50%～60%，有机质含量为20%～80%，C/N比为25：30，pH在3～12之间。为缩短发酵周期，提高发酵效率，常在发酵原料中接种0.1%～1.0%的外源微生物菌剂。常用的外源微生物菌剂主要有芽孢杆菌菌剂、固氮菌菌剂、嗜热微杆菌菌剂、EM复合菌剂和KS50复合菌剂等。

五、固体处理设施通风时间和通风强度的计算

固体处理设施通风过程起到供氧、去除水分和散热的作用。通风方式可分为自然通

风、定期翻堆、被动通风、强制通风等。在实际运用中，自然通风、定期翻堆、被动通风方式常用于条垛式堆肥系统，强制通风方式常用于静态垛和大多数反应器堆肥系统。目前，强制通风控制方式多采用通风时间＋温度混合控制方式，利用计算机监测固废堆体顶部、中心和底部的温度，当堆体中心温度低于设定温度 55 ℃，风机正压鼓风；当堆体温度大于 55 ℃时，便比较堆体顶部和底部的温度，如果顶部温度大于底部温度，负压抽风，反之，则正压鼓风。采用混合通风控制方式，可以使堆体高温区分布更均匀，堆料水分损失更少，无害化效果更好。整个通风系统的通风量依据《城市生活垃圾堆肥处理厂技术评价指标》中静态堆肥每立方米垃圾 0.05～0.20 m^3/min 的通风量进行取值，完全满足堆体发酵过程中供氧及冷却所需通风量。通风管道布置遵循均匀对称原则，在堆体底部中间纵向铺设通风干管，干管两侧对称布置支管，相邻支管纵向间隔 3 m，支管周身穿孔，孔径 10 mm，间距 50 mm。若堆体大小为 30 m×4 m×2.5 m，每个堆体所需通风量为 1 800 m^3/h，每路支管风量为 90 m^3/h。堆肥初期风机以较小风量对堆体进行鼓风，使堆体温度逐渐上升至 55 ℃以上；接着加大通风量，使反应热与散热量持平，防止堆温高于 60 ℃不利于微生物的活动，当堆温在 55～60 ℃就停止通风，当堆温超过 60 ℃时就开启风机，风机的开停由安置在堆体中的温度反馈器来控制，如此反复，持续 5～7 d；后期则改为抽风方式，逐渐减少通风量，使堆温降低。

第四节　农业农村废弃物处理设施运转

一、污水处理设施污泥清理

一体化污水处理设备有着良好的净水效果，然而随着时间的推移一体化污水处理设备的沉淀池和氧化沟内会积累一些污泥，为了不影响设备的运行需要定期清理，一般半年到一年需要清理一次。

（一）沉淀池污泥清理

大多数的一体化污水处理设备都会有一个沉淀池，沉淀池主要用于去除污水中颗粒较大、较重的污染物，及时排泥是沉淀池运行管理中极为重要的工作。这部分污泥富含大量有机物，如不及时排泥，就会发生厌氧发酵，致使污泥上浮，不仅影响了沉淀池的正常工作，而且导致水质恶化。当排泥不彻底时应停池、放空，采用人工冲洗的方法清泥。运维人员一般可以采用吸污泵或者吸污车将污泥抽出。

（二）氧化沟内污泥清理

氧化沟内污泥清理过程较为复杂，一般需要通过以下步骤完成：

1. 污泥稀释　污泥稀释前，需将氧化沟中的大部分水排出，只留 200 mm 左右厚表层水，采用人工搅拌，以确保污泥的和易性（和易性：建筑学专业术语，指混凝土拌和物在拌和、运输、浇筑过程中，便于施工的技术性能。包括流动性、黏聚性和保水性），同时保证抽取前不至于风干固化。当污泥厚度过大，和易性较差时，向氧化沟内冲水稀释并加以搅拌，确保污泥的可泵性。

2. 输送泵运输　污泥稀释后，通过污泥泵将其抽至输送泵内，利用输送泵运输至浓缩池进行浓缩。泵送管的敷设应符合“路线短、弯道少、接头稀”的原则，架设的铁凳固定牢固，垂直管沿构筑物外侧架设脚手架固定，并用草绳将转弯处及接头处绑密实，消除噪音，保证搭设的脚手架不受影响。

3. 污泥浓缩处理 输送泵输出的污泥导入浓缩池，进行不间断污泥浓缩。

4. 污泥的外运 污泥经浓缩池过滤沉淀后，到脱水车间脱水制成泥饼，由专用车辆将泥饼运至指定的位置进行卫生填埋或进行污泥资源再利用。

二、污水处理设施水生植物收割

（一）收割周期

污水处理设施水生植物收割周期必须根据植物的生长规律、区域气候特征和水质变化情况综合考虑来确定。不同生长型植物有着不同的生长规律，而且同一植物在不同地区或同一地区的不同生长环境中，其表现形式也并非完全相同。

对于人工湿地处理系统来说其植物类型均以多年生挺水植物为主，而且植物在水中的深度并不大，植物生长条件较好，植物表现出来的特征为发芽早、生长速度较快。因此，植物收割采用一年收割两次较为理想。收割次数过多（或收割周期太短），不仅投入的人力物力较大，而且容易使湿地系统内植物郁闭度降低，夏季造成填料表面在光照影响下温度升高，影响植物的正常生长，甚至造成植物的枯萎和死亡。而收割次数过少（或收割周期过长），植物生长高峰过后（秋季）会自然进入休眠期，缩短植物代谢时间。而每年两次的植物收割，不仅不会影响植物的正常生长，而且秋季可刺激植物的第二次萌芽，延长植物的生长周期。

（二）收割季节

收割季节的选择应根据水生植物自身的生长规律，以不影响其正常生长和安全越冬为原则。人工湿地处理系统植物基本上都是在3月至4月开始萌芽，5月至7月为第一次生长高峰，进入8月后，植物生长开始减弱，9月基本进入生长晚期。

对于每年收割两次的植物，第一次收割适宜安排在8月下旬至9月上旬之间。此时收割可以有效刺激植物的二次萌芽，而且收割后的植物仍有两个月左右的生长时间，使植物在9月和10月进入第二次生长高峰，延长植物的生长期，而且可以保证植物安全越冬。

植物收割后到重新郁闭一般需要半个月到1个月的时间，因此，如果第一次收割时间过早（如安排在6月或7月），在进入夏季后植物很难再次郁闭，随着光照强度的增加和气温上升，潜流湿地表面裸露造成填料（砾石）层的温度升高，容易影响植物的生存。而第一次收割时间如果安排过晚（如10月或11月），植物在9月已基本上停止生长（进入结籽期），部分植物结籽后（如黄花鸢尾和香蒲）即开始枯黄，不仅景观效果差，而且未充分利用植物的第二次生长高峰。同时，植物收割后即使重新萌芽，也很快进入冬季，影响系统的冬季运行效果。大部分植物（如芦苇、香蒲、黄花鸢尾、水葱、黑三棱等）的第二次收割时间适宜安排在春季冰层融化以后（即2月底至3月中旬），而冬季结冰期间可以不收割。

对于枯萎较早而且枯萎后地上部分容易倒伏的植物，第一次收割时间可以适当提前，安排在7月底至8月上旬；第二次收割时间应安排在植物倒伏之前，即10月底至

11月上旬。以上植物由于地上部分冬季死亡较早，而且死亡后的枝叶容易倒伏于水中，在水中腐烂降解，如果不及时收割，不仅容易造成二次污染，而且根系的生存能力会降低。

（三）收割后的植物存留量

收割后植物存留高度（植物存留量）是随不同收割时间和不同的处理单元而不同的。对于一年收割两次的潜流湿地植物，8月下旬至9月上旬收割时存留高度以地上部分保留30～40 cm左右为宜，防止填料表面过于裸露，造成填料表面温度升高影响植物的后续生长。而第二次收割时应将地上枯死的枝叶全部进行收割，仅需保留地下根茎和新芽即可。

三、污水处理设施进出水质原位检测

污水处理设施进出水质原位检测一般借助于便携式原位水质检测仪，此类仪器可测参数有pH、ORP、电导率、盐度、溶解氧、温度、深度、压力等；实际操作时严格按照仪器使用说明书校正和操作仪器。监测过程依次为：主机开机、校准、连接测量探头、将探头放入待测水体中、测量。测量数据可通过USB接口导出。

四、固体处理设施中好氧发酵堆体的温度、水分、色泽测定

（一）温度测定

可采用玻璃棒式温度计进行现场测量，读数时温度计不可离开堆体。若探测堆体内部温度，需借助带探头的数显测温仪，具体操作应按照仪器使用说明书进行。

（二）水分测定

一般采用烘箱干燥法测定，具体步骤依次为：清洗称量皿、烘至恒重、称取样品、放入调好温度的烘箱（100～105 ℃）、烘1.5 h、于干燥器冷却、称重、再烘0.5 h、称至恒重（两次重量差不超过0.002 g即为恒重）。水分计算公式如下：

$$水分=\frac{G_2-G_1}{W} \tag{7-3}$$

式中：G_1为恒重后称量皿重量，单位为g；G_2为恒重后称量皿和样品重量，单位为g；W为样品重量，单位为g。

（三）色泽测定

色泽测定一般采用APHA法，具体步骤如下。

1. 标准溶液制备 在1 000 mL容量瓶中，加入500 mL水及100 mL盐酸，混合均匀，再往瓶中加入1.254 g K_2PtCl_6（氯铂酸钾，精确至1 mg）及1.0 g $CoCl_2 \cdot 6H_2O$，最后加水至刻度，并摇匀。如果无K_2PtCl_6，可将0.500 g纯金属铂溶于王水（需加热），随后加盐酸并反复蒸发以除去硝酸，再将所得产物与1.0 g $CoCl_2 \cdot 6H_2O$按上述方法配制成水溶液。如此配得的溶液，每升含铂500 mg，其色度号为500［色度号相当于每升溶液中所含铂的质量（mg）］。将此溶液按下表7-3所示水量稀释，即可制得不同色度号的标准溶液。配制的标准溶液应避免蒸发和污染。

表 7-3 APHA 色度标准溶液

标准溶液的色度号	溶液体积 V_s/mL	水体积 V_w/mL	标准溶液的色度号	溶液体积 V_s/mL	水体积 V_w/mL
1	0.2	99.8	70	14.0	86.0
3	0.6	99.4	80	16.0	84.0
5	1.0	99.0	90	18.0	82.0
10	2.0	98.0	100	20.0	80.0
15	3.0	97.0	120	24.0	76.0
18	3.6	96.4	140	28.0	72.0
20	4.0	96.0	160	32.0	68.0
25	5.0	95.0	180	36.0	64.0
30	6.0	94.0	200	40.0	60.0
40	8.0	92.0	300	60.0	40.0
50	10.0	90.0	400	80.0	20.0
60	12.0	88.0	500	100.0	0.0

资料来源：GB/T 605—2006。

2. 样品色泽测定

称取固废发酵样品 10 g（精确到 0.1 g）溶于 50 mL N,N-二甲基甲酰胺，摇匀，置于一 100 mL 比色管中，另一比色管则装标准溶液，比较二者的色度，更换比色管中的标准溶液，直至其色度与试样色度相同或相近，则该标准溶液的色度号即作为试样色度。比较时，试样比色管及标准溶液比色管均应衬以白色背景，并垂直向下观察。

第五节　农业农村废弃物处理设施维护

农村废弃物处理设施日常养护是确保设施高效安全运行，充分发挥设施功能的有效途径，设施日常养护重点包括管道疏通、渗滤故障排除、管道阀门及防雨设施更换等内容。

一、给排水管道疏通

（一）降水、排水

将需要疏通的管线进行分段，分段的办法根据管径与长度分配，相同管径两检查井之间为一段。使用泥浆泵将两检查井内污水排出至井底露出淤泥。

（二）稀释淤泥

高压水车向分段的两检查井井室内灌水，使用疏通器搅拌检查井和污水管道内的污泥，使淤泥稀释；人工配合机械不断地搅动淤泥直至淤泥稀释到水中。

（三）吸污

用吸污车抽吸两检查井内淤泥，基本抽吸干净后，再用高压水枪冲击两检查井之间少量剩余的淤泥进入井室内并冲击井底淤泥，再一次进行稀释，然后再抽吸干净。

（四）截污

截污是指在污水处理过程中，将污水中体积较大的垃圾阻截并储存下来，起到一个初期过滤的作用。设置堵口将自上而下的第一个工作段处用封堵把井室进水管道口堵死，然后将下游检查井出水口和其他管线通口堵死，只留下该段管道的进水口和出水口。将该段管道作为截污管道用以阻截储存体积较大的垃圾，初步过滤污水。

（五）高压清洗车疏通

使用高压清洗车进行管道疏通。将高压清洗车水带伸入上游检查井底部，把喷水口向着管道流水方向对准管道进行喷水，在污水管道下游检查井对室内淤泥持续进行吸污。

（六）通风

施工人员进入检查井前，必须待到大气中的氧气进入检查井中或用鼓风机进行换气通风，测量井室内氧气的含量达到正常标准。施工人员进入井内需佩戴安全带、防毒面具及氧气罐。

（七）清淤

淤泥清理后需要进一步对检查井进行逐个清淤。清淤需采用人工作业，在下井施工前须对施工人员的安全措施进行统一安排，对检查井内剩余的砖、石、部分淤泥等残留物进行人工清理，直到清理完毕为止。在施工清淤期间首先对上游清理的检查井进行封堵，以防上游的淤泥流入管道或下游施工期间对管道进行充水时流入上游检查井和管道中。

二、固体废弃物设施渗滤故障排除

1. 加强在固废处理设施运行期间对渗滤液收集缓冲池、地下监测井的监测，并建立渗滤液监测报警系统，一旦发生事故，立即启动特别重大突发事件（一级）预案。

2. 发现填埋场衬底破裂导致污染地下水，要加强对地下水的抽吸，并同时通过开孔灌注黏合剂的办法，进行裂缝密封或用硅碳溶液来修补填埋场垫层的破损部位，及时解决垫层的渗漏污染问题。

3. 如渗滤液处理池地下水监测井发现地下水污染，应立即采取应急措施，在截污坝外侧垂直建造渗滤墙，隔断被污染地下水向外漫渗。

4. 为防止由沼气浓度过高引起的火灾、爆炸事故，应严格按照操作规程安装导气筒并定期排空或焚烧，常年备消防水源、干粉灭火器等。

三、污水处理设施管道、阀门更换

污水处理设施的工艺管道有污水管、污泥管、药液管、压缩空气管、给水管、沼气管等。一般可以按其输送介质的不同分为液体输送管道和气体输送管道。液体输送管道又可分为有压液体输送管道和无压液体输送管道，而气体输送管道多为低压管道，且以空气管道为主。不同管道的维护要求存在差异。

（一）有压液体输送管道的维护

污水（压力）管道、污泥管道、给水管道等系统管多采用钢管，运行中常常会出现一些异常问题，应及时进行维护。

1. 管道渗漏　一般由管道的接头不严或松动，或管道腐蚀等造成，均可引起漏水现象。管道腐蚀有可能发生在混凝土、土壤暗埋部分。当管沟中的管道或支设管道支撑强度不够或发生破坏时，管道的接头部分容易松动。遇到以上情况引起的管道破漏或渗漏，除及时更换管道、做好管道补漏以外，应加强支撑、防腐蚀等维护工作。

2. 管道中有噪声 管道为非埋地敷设时，能听到异常噪声，主要原因是：①管道中流速过大；②水泵与管道的连接或基础施工有误；③阀门密封件松动而发生震动。以上异常问题可采取相应措施解决，如适量降低管道中水流速度，改变管道内截面或疏通管道，更换管道或阀门配件，做好水泵的防震和隔震。

（二）无压液体输送管道的维护

无压输送管道多为污水管、污泥管、溢流管等，是输送污水到处理厂（站）的管道，一般为混凝土铸管或PVC管。无压管道系统常见的故障是漏水或管道堵塞，日常维护工作重点在于排除漏水点，疏通堵塞管道。

1. 管道漏水 引起管道漏水的原因大多数是管道接口不严，或者管件有砂眼及裂纹。接口不严引起的漏水，应对接口重新处理，若仍不见效，须用手锤及弯形凿将接口剔开，重新连接；如果是管段或管件有砂眼、裂纹或折断引起漏水，应及时将损坏管件或管段换掉，并加套管接头与原有管道接通，如有其他的原因，如震动造成连接部位不严，应采取相应措施，防止管道再次损坏。

2. 管道堵塞 造成管道堵塞的原因除使用者不注意将硬块、破布、棉纱等掉入管内外，主要是管道坡度太小而引起管内流速太慢，水中杂质在管内沉积而使管道堵塞。若管道敷设坡度有问题，应按有关要求对管道坡度进行调整。堵塞时，可采取人工或机械方式予以疏通。维护人员应经常检查管道是否漏水或堵塞，应做好检查井的封闭，防止杂物落下。

（三）压缩空气管道维护

压缩空气管道常见故障有系统漏气和管道堵塞。

1. 管道系统漏气 造成管道系统漏气的原因主要是选用材料及附件质量或安装质量不好，或管路中支架下沉引起管道变形开裂，管道内积水冻结将管子或管件胀裂等。管道系统漏气时，应经常检查管路支架下沉情况，及时更换维修下沉支架，并及时更换胀裂管件。

2. 管道堵塞 管道堵塞表现为送气压力、风量不足，压降太大（注：压降是指流体在管中流动时由于能量损失而引起的压力降低）。引起管道堵塞的原因一般有管道内的杂质或填料脱落，阀门损坏，管内有水冻结。排除这类故障的方法有清除管内杂质，检修或更换损坏的阀门，及时排除管道中的积水。

四、防雨设施更换

户外用闸刀、开关、继电器等的用电设备的防雨设施，应定期更换。配电箱的密封条和防雨罩老化、破损的应及时换新，以预防漏电事故发生。污水处理池和固废发酵处理设施的防雨设施，应定期查验防雨设施顶棚的老化及破损情况，严格按照安装操作规程更换防雨棚的篷布或彩钢防雨设施的彩钢瓦，保证防雨设施发挥正常的避雨、抗风、防雪功能。

思考题

1. 简述农业农村废弃物的种类。
2. 简述污水收集处理设施的选址、选材要求。
3. 简述污水处理设施中格栅的运行维护要点。
4. 简述固废好氧发酵的最佳工艺参数及各参数的调节方法。

主要参考文献 REFERENCE

中华人民共和国住房和城乡建设部，中华人民共和国国家质量监督检验检疫总局，2008. 给水排水构筑物工程施工及验收规范：GB 50141—2008 [S]. 北京：中国建筑工业出版社.

中华人民共和国住房和城乡建设部，中华人民共和国国家质量监督检验检疫总局，2008. 给水排水管道工程施工及验收规范：GB 50268—2008 [S]. 北京：中国建筑工业出版社.

朱明，2007. 农村废弃物综合利用技术 [M]. 北京：中国农业科技出版社.

杜项革，2009. 农产品安全生产 [M]. 北京：中国农业出版社.

中华人民共和国农业部，2015. 无公害农产品　生产质量安全控制技术规范　第 3 部分：蔬菜：NY/T 2798.3—2015 [S]. 北京：中国农业出版社.

国家环境保护总局，2006. 食用农产品产地环境质量评价标准：HJ/T 332—2006 [S]. 北京：中国环境科学出版社.

中华人民共和国农业部，2008. 农业野生植物调查技术规范：NY/T 1669—2008 [S]. 北京：中国农业出版社.

马爱国，2006. 无公害农产品管理与技术 [M]. 北京：中国农业出版社.

中华人民共和国农业部，1999. 畜禽场环境质量标准：NY/T 388—1999 [S]. 北京：中国标准出版社.

中华人民共和国农业部，2010. 无公害食品　海水养殖产地环境条件：NY 5362—2010 [S]. 北京：中国农业出版社.

中华人民共和国国家质量监督检验检疫总局，中国国家标准化管理委员会，2005. 农田灌溉水质标准：GB 5084—2005 [S]. 北京：中国标准出版社.

中华人民共和国农业部，2016. 无公害农产品　种植业产地环境条件：NY/T 5010—2016 [S]. 北京：中国农业出版社.

中华人民共和国农业部，2015. 无公害农产品　生产质量安全控制技术规范　第 1 部分：通则：NY/T 2798.1—2015 [S]. 北京：中国农业出版社.

中华人民共和国农业部，2008. 无公害食品　畜禽饮用水水质：NY 5027—2008 [S]. 北京：中国标准出版社.

中华人民共和国国家质量监督检验检疫总局，2002. 农药合理使用准则（七）：GB/T 8321.7—2002 [S]. 北京：中国标准出版社.

中华人民共和国国家质量监督检验检疫总局，中国国家标准化管理委员会，2007. 农药合理使用准则（八）：GB/T 8321.8—2007 [S]. 北京：中国标准出版社.

中华人民共和国国家质量监督检验检疫总局，中国国家标准化管理委员会，2009. 农药合理使用准则（九）：GB/T 8321.9—2009 [S]. 北京：中国标准出版社.

中华人民共和国国家质量监督检验检疫总局，中国国家标准化管理委员会，2018. 农药合理使用准则（十）：GB/T 8321.10—2018 [S]. 北京：中国标准出版社.

国家质量技术监督局，2000. 农药合理使用准则（二）：GB/T 8321.2—2000 [S]. 北京：中国标准出版社.

国家质量技术监督局，2000. 农药合理使用准则（六）：GB/T 8321.6—2000 [S]. 北京：中国标准出版社.

国家质量技术监督局，2000. 农药合理使用准则（三）：GB/T 8321.3—2000 [S]. 北京：中国标准出版社.

主要参考文献

国家质量技术监督局，2000. 农药合理使用准则（一）：GB/T 8321.1—2000 [S]. 北京：中国标准出版社.
中华人民共和国国家质量监督检验检疫总局，中国国家标准化管理委员会，2006. 农药合理使用准则（四）：GB/T 8321.4—2006 [S]. 北京：中国标准出版社.
中华人民共和国国家质量监督检验检疫总局，中国国家标准化管理委员会，2006. 农药合理使用准则（五）：GB/T 8321.5—2006 [S]. 北京：中国标准出版社.
中华人民共和国农业部，2015. 无公害农产品　生产质量安全控制技术规范　第4部分：水果：NY/T 2798.4—2015 [S]. 北京：中国农业出版社.
中华人民共和国国家质量监督检验检疫总局，中国国家标准化管理委员会，2011. 烧结多孔砖和多孔砌块：GB 13544—2011 [S]. 北京：中国标准出版社.
中华人民共和国国家质量监督检验检疫总局，中国国家标准化管理委员会，2014. 烧结空心砖和空心砌块：GB 13545—2014 [S]. 北京：中国标准出版社.
中华人民共和国国家质量监督检验检疫总局，中国国家标准化管理委员会，2017. 烧结普通砖：GB 5101—2017 [S]. 北京：中国质检出版社.
中华人民共和国农业部，2002. 无公害食品　水产品中渔药残留限量：NY5070—2002 [S]. 北京：中国标准出版社.
中华人民共和国农业部，2002. 无公害食品　渔用配合饲料安全限量：NY 5072—2002 [S]. 北京：中国标准出版社.
中华人民共和国农业部，2002. 无公害食品　渔用药物使用准则：NY 5071—2002 [S]. 北京：中国标准出版社.
中华人民共和国农业部，1996. 鱼粉：SC/T 3501—1996 [S]. 北京：中国标准出版社.
中华人民共和国农业部，2016. 鱼油：SC/T 3502—2016 [S]. 北京：中国标准出版社.
中华人民共和国国家质量监督检验检疫总局，中国国家标准化管理委员会，2007. 通用硅酸盐水泥：GB 175—2007 [S]. 北京：中国质检出版社.
中华人民共和国国家质量监督检验检疫总局，中国国家标准化管理委员会，2017. 砌筑水泥：GB/T 3183—2017 [S]. 北京：中国质检出版社.
中华人民共和国国家质量监督检验检疫总局，中国国家标准化管理委员会，2017. 用于水泥和混凝土中的粉煤灰：GB 1596—2017 [S]. 北京：中国质检出版社.
中华人民共和国国家质量监督检验检疫总局，中国国家标准化管理委员会，2013. 饲料标签：GB 10648—2013 [S]. 北京：中国标准出版社.
中华人民共和国国家质量监督检验检疫总局，中国国家标准化管理委员会，2017. 饲料卫生标准：GB 13078—2017 [S]. 北京：中国标准出版社.
中华人民共和国国家质量监督检验检疫总局，中国国家标准化管理委员会，2007. 中华人民共和国行政区划代码：GB/T 2260—2007 [S]. 北京：中国标准出版社.
中华人民共和国住房和城乡建设部，中华人民共和国质量监督检验检疫总局，2011. 砌体结构工程施工质量验收规范：GB 50203—2011 [S]. 北京：中国建筑工业出版社.
谢春平，2011. 基于DIVA-GIS生物地理分布图的绘制 [J]. 湖北农业科学，50（11）：1343-2348.
张华荣，2017. 无公害农产品标准汇编 [M]. 北京：中国农业出版社.
环境保护部，国家质量监督检验检疫总局，2012. 环境空气质量标准：GB/T 3095—2012 [S]. 北京：中国环境科学出版社.
中华人民共和国卫生部，中国国家标准化管理委员会，2006. 生活饮用水卫生标准：GB 5749—2006 [S]. 北京：中国标准出版社.
国家质量技术监督局，1999. 蒸压灰砂砖：GB 11945—1999 [S]. 北京：中国标准出版社.

中华人民共和国住房和城乡建设部，中华人民共和国质量监督检验检疫总局，2015. 混凝土结构工程施工质量验收规范：GB 50204—2015 [S]. 北京：中国建筑工业出版社.

中华人民共和国国家质量监督检验检疫总局，中国国家标准化管理委员会，2010. 混凝土和砂浆用再生细骨料：GB/T 25176—2010 [S]. 北京：中国标准出版社.

中华人民共和国农业部，2010. 外来草本植物普查技术规程：NY/T 1861—2010 [S]. 北京：中国农业出版社.

中华人民共和国农业部，2015. 外来入侵植物监测技术规程　少花蒺藜草：NY/T 2689—2015 [S]. 北京：中国农业出版社.

中华人民共和国农业部，2015. 无公害农产品　生产质量安全控制技术规范　第2部分：大田作物产品：NY/T 2798.2—2015 [S]. 北京：中国农业出版社.

中华人民共和国农业部，2012. 农业野生植物原生境保护点监测预警技术规程：NY/T 2216—2012 [S]. 北京：中国农业出版社.

中华人民共和国农业部，2015. 无公害农产品　生产质量安全控制技术规范　第13部分：养殖水产品：NY/T 2798.13—2015 [S]. 北京：中国农业出版社.

中华人民共和国农业部，2016. 无公害农产品　淡水养殖产地环境条件：NY/T 5361—2016 [S]. 北京：中国农业出版社.

图书在版编目（CIP）数据

农村环境保护工：中级工 / 农业农村部农业生态与资源保护总站组编；李春明，李垚奎，成卫民主编．—北京：中国农业出版社，2021.12

农村环境保护工职业技能培训系列

ISBN 978-7-109-27664-2

Ⅰ.①农… Ⅱ.①农… ②李… ③李… ④成… Ⅲ.①农业环境保护－技术培训－教材 Ⅳ.①X322

中国版本图书馆 CIP 数据核字（2020）第 255577 号

中国农业出版社出版

地址：北京市朝阳区麦子店街 18 号楼

邮编：100125

责任编辑：杨晓改　　文字编辑：李善珂

版式设计：王　晨　　责任校对：沙凯霖

印刷：中农印务有限公司

版次：2021 年 12 月第 1 版

印次：2021 年 12 月北京第 1 次印刷

发行：新华书店北京发行所

开本：787mm×1092mm　1/16

印张：9.75

字数：250 千字

定价：58.00 元
